Genevieve Foray-Thevenin

Vers une formulation virtuelle pour les matériaux du bâtiment

Genevieve Foray-Thevenin

Vers une formulation virtuelle pour les matériaux du bâtiment

Application aux systèmes constructifs et composites fibrés dédiés à la thermique du bâtiment

Presses Académiques Francophones

Impressum / Mentions légales

Bibliografische Information der Deutschen Nationalbibliothek: Die Deutsche Nationalbibliothek verzeichnet diese Publikation in der Deutschen Nationalbibliografie; detaillierte bibliografische Daten sind im Internet über http://dnb.d-nb.de abrufbar.

Alle in diesem Buch genannten Marken und Produktnamen unterliegen warenzeichen-, marken- oder patentrechtlichem Schutz bzw. sind Warenzeichen oder eingetragene Warenzeichen der jeweiligen Inhaber. Die Wiedergabe von Marken, Produktnamen, Gebrauchsnamen, Handelsnamen, Warenbezeichnungen u.s.w. in diesem Werk berechtigt auch ohne besondere Kennzeichnung nicht zu der Annahme, dass solche Namen im Sinne der Warenzeichen- und Markenschutzgesetzgebung als frei zu betrachten wären und daher von jedermann benutzt werden dürften.

Information bibliographique publiée par la Deutsche Nationalbibliothek: La Deutsche Nationalbibliothek inscrit cette publication à la Deutsche Nationalbibliografie; des données bibliographiques détaillées sont disponibles sur internet à l'adresse http://dnb.d-nb.de.

Toutes marques et noms de produits mentionnés dans ce livre demeurent sous la protection des marques, des marques déposées et des brevets, et sont des marques ou des marques déposées de leurs détenteurs respectifs. L'utilisation des marques, noms de produits, noms communs, noms commerciaux, descriptions de produits, etc, même sans qu'ils soient mentionnés de façon particulière dans ce livre ne signifie en aucune façon que ces noms peuvent être utilisés sans restriction à l'égard de la législation pour la protection des marques et des marques déposées et pourraient donc être utilisés par quiconque.

Coverbild / Photo de couverture: www.ingimage.com

Verlag / Editeur:
Presses Académiques Francophones
ist ein Imprint der / est une marque déposée de
AV Akademikerverlag GmbH & Co. KG
Heinrich-Böcking-Str. 6-8, 66121 Saarbrücken, Deutschland / Allemagne
Email: info@presses-academiques.com

Herstellung: siehe letzte Seite /
Impression: voir la dernière page
ISBN: 978-3-8381-7546-1

N° d'ordre : 07-2012
Année 2012

Mémoire

Outils de formulation pour les matériaux thermo-structurés dédiés à la rénovation thermique du bâti

Présenté devant
l'Université Claude Bernard Lyon 1

Pour obtenir
l'Habilitation à Diriger des Recherches

Par
Geneviève FORAY - THEVENIN
Faculté des Sciences et Technologies, Département de Mécanique
Laboratoire d'accueil : Matériaux ingéniérie et Science (MATEIS, UMR CNRS 5510)

Soutenue le 14 mars 2012 devant la Commission d'examen

Yves BRECHET	INPG Grenoble	Rapporteur
Jean Michel TORRENTI	IFFSTAR	Rapporteur
Robert SCHALLER	EPFL	Rapporteur
Hamda BENHADID	Université Claude Bernard Lyon I	Examinateur
Jan CARMELIET	ETH-ZURICH EMPA	Examinateur
Jérome CHEVALIER	INSA de Lyon	Examinateur
Moussa GOMINA	ENSI Caen	Examinateur
Ali LIMAM	INSA de Lyon	Examinateur

Préambule

Mon parcours post-doctoral débute à l'université de Marne la Vallée (UMLV) où je suis nommée en 2000 au poste de maître de conférences. Je choisis cette réorientation professionnelle vers le secteur universitaire après deux ans en tant que responsable développement produit dans une unité de préfabrication béton. A l'UMLV comme à l'Université Claude Bernard Lyon 1 (UCBL) que je rejoins en mutation en 2004, je m'implique dans les principaux aspects de mon métier : la recherche et l'enseignement. En recherche, je suis membre de MATEIS (Matériau Ingéniérie et Sciences, laboratoire multi-établissements : UMR CNRS 5510, INSA de Lyon, UCBL) où je contribue essentiellement au domaine d'application 'matériaux de construction' et au thème transverse relation propriétés / microstructures. En enseignement, je suis rattachée au département de Mécanique de la Faculté des Sciences et Technologies, où j'enseigne principalement dans les formations de Génie Civil.

Mes travaux de recherche portent sur la science des matériaux, et en particulier des matériaux cimentaires. L'objectif est de mettre au point 'by-design' des matériaux éco-structurés durables dotés de propriétés d'usage au premier ordre soit mécaniques soit thermiques. L'une des applications directes de mes recherches implique la mise au point de composites isolants pour l'amélioration de l'efficacité énergétique des bâtiments. Les encadrements de thèses et les différentes collaborations construites m'ont amenée à répondre à des questions scientifiques, et à connaitre les travaux développés dans des laboratoires nationaux et internationaux, universitaires ou/et industriels. Après 5 ans à MATEIS, sur la thématique des matériaux thermo-structurés je considère que le moment est opportun pour faire une synthèse de mon travail. L'habilitation à diriger des recherches, que je sollicite à travers ce document, est pour moi l'occasion de faire un bilan et de partager un projet de recherche.

Le manuscript que je vous propose est composé de plusieurs parties. Le cœur du manuscrit représente la synthèse scientifique de mes activités de recherche effectuées à MATEIS en suivant un ordre chronologique. Un bilan factuel qualifiant et quantifiant tout mon parcours, aussi bien en termes de production scientifique, de participation à des activités de recherche, qu'en termes d'enseignement vient ensuite compléter cette synthèse et présenter les activités réalisées en thèse, dans l'industrie, à l'UMLV et à l'UCBL . Il se termine par un choix de quatres publications en texte integral qui reflète l'ouverture de mon parcours dans le domaine de la science des matériaux.

Ce rapport est centré sur des activités auxquelles j'ai personnellement contribué à titre d'acteur, mais aussi à titre de coordinateur. Il reflète avant tout une synergie. Je souhaite donc remercier ici toutes les personnes, qui ont participé à la construction de mon parcours professionnel en me transmettant passion, rigueur, savoir-faire et compétences : les membres scientifiques, techniques et administratifs des laboratoires de recherche universitaires et industriels, les doctorants, les étudiants en formation, les chercheurs d'autres institutions et l'ensemble des collègues avec lesquels j'ai eu l'opportunité de collaborer.

Je voudrais également remercier les membres de ce jury d'Habilitation à diriger des Recherches, qui m'ont fait l'honneur d'évaluer avec attention mes travaux et qui ont accepté de faire partie de ce jury.

Pour finir, je souhaite exprimer ma profonde gratitude à Jean-Yves Cavaillé, Jean-Marc Pelletier, Jacques Lamon, Gilbert Fantozzi, Bernard Yrieix, Alain Sellier, Mohamed R'mili, Sandrine Cardinal, et Annie Malchère pour leurs idées, pour les nombreuses discussions scientifiques constructives, ainsi que leurs encouragements et soutiens.

Table des matières

Table des figures

*Pour ce qui est de l'avenir, il ne s'agit pas de le prévoir mais de le rendre possible,
Antoine de St Exupéry.*

I. Introduction Générale

I.1. Aperçu du contexte général

Le secteur du bâtiment représente le principal gisement d'économies d'énergie exploitable immédiatement, en effet il consomme plus de 40 % de l'énergie finale et contribue pour près du quart aux émissions françaises de gaz à effet de serre. Un plan de rénovation énergétique et thermique des bâtiments existants, réalisé à grande échelle et cadré par le Grenelle de l'Environnement (juillet 2007 et juillet 2010), vise à réduire durablement les dépenses énergétiques.

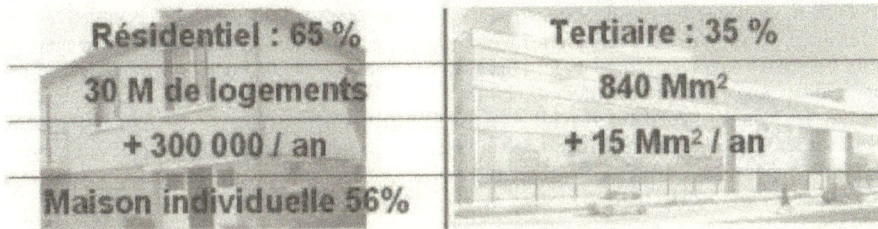

Résidentiel : 65 %	Tertiaire : 35 %
30 M de logements	840 Mm²
+ 300 000 / an	+ 15 Mm² / an
Maison individuelle 56%	

Figure I.1 : répartition du bâti français entre logement et tertiaire (ADEME, données 2007)

Ce secteur, si l'on se place en termes d'unités bâties, représente en France plus de 30 millions de logements et plus de 840 millions de m² de bâtiments tertiaires (Fig I.1.). Les constructions neuves actuelles assurent un taux de renouvellement faible d'à peine 1%, pour un bâti qui a une durée de vie moyenne de 100 ans. Une analyse des déperditions thermiques (Fig I.2.)montre que les parois opaques (32%), devancent de loin les autres éléments constructifs en déperditions thermiques : la toiture (22%), les planchers (15%), la ventilation (14%) et les fenêtres (12%). Avec près de 20 millions de logements construits avant 1975, sans aucune isolation thermique, la surface de parois à isoler est donc considérable et met en évidence une **première problématique de volume d'isolant** pour toute solution **d'isolation nouvelle pouvant être proposée.**

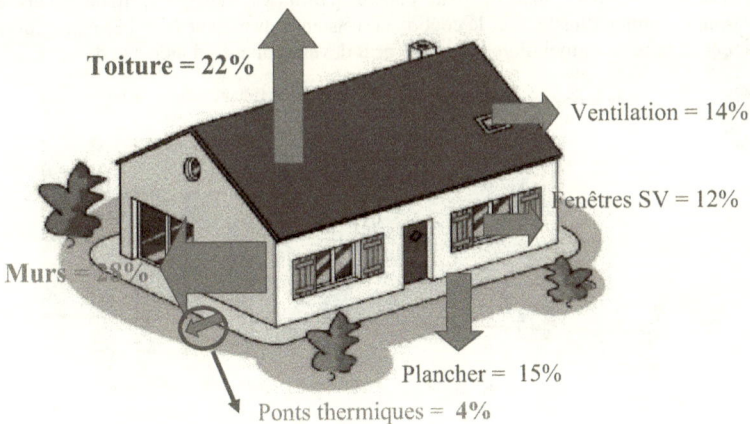

Toiture = 22%

Ventilation = 14%

Fenêtres SV = 12%

Murs = 28%

Plancher = 15%

Ponts thermiques = 4%

Figure I.2 : Déperditions en chauffage d'une maison type non isolée construite avant 1975 (ADEME)

De Kyoto 1997 au Grenelle II, les attentes en matière de limitation des rejets de CO_2 [Loi 2005-781, 2010-788], n'ont pas cessé de croître et tout porte à croire que la tendance est pérenne. Corrélativement, les réglementations deviennent de plus en plus sévères et le bâtiment est pour différentes raisons le secteur le plus mis à contribution. De part sa durée de vie, c'est la rénovation thermique du parc ancien qui constitue l'essentiel du gisement mais qui concentre également les difficultés. Pour autant le virage est pris et après des années où seul le neuf était concerné par la réglementation thermique, l'**ancien** l'est à son tour en partie et des incitations et des **obligations spécifiques** ont vu le jour [décret 2007-363].

La volonté est une chose mais les difficultés en sont d'autres d'autant qu'elles sont nombreuses : techniques, financières, sociales. Les **systèmes, les produits et les matériaux d'isolation thermique** sont en première ligne pour satisfaire aux attentes. Ils sont nombreux car ils doivent satisfaire à de multiples configurations très différentes comme la typologie constructive très régionalisée et l'âge varié des bâtiments. La problématique de rénovation thermique étant récente, le choix des systèmes et des matériaux les plus adaptés se pose de façon ardue. Malgré l'intérêt d'une appréciation impartiale de l'aptitude à la fonction des matériaux candidats, peu de travaux scientifiques comme [Vandame H., 2011, Lanos C. 2010] y sont consacrés. De plus la **maturité insuffisante, voire l'absence de matériaux adaptés** est une autre facette du problème qui requiert une R&D importante. Celle-ci a été organisée récemment essentiellement autour des programmes ADEME et ANR "PREBAT", "HABISOL" et "BVD" [2]

En tout dernier lieu, la **durabilité du bâti dans des ambiances agressives et cycliques** se doit d'être assurée. La R&D est donc sollicitée pour mettre au point les matériaux du futur en innovant, et en se portant garante de la tenue de leurs performances mécaniques et thermiques lors du vieillissement des matériaux.

Pour pouvoir répondre un jour à la question "Quels matériaux, traditionnels ou innovants, pour la rénovation thermique des bâtiments ?" il est important de donner à la fois les éléments clefs et une méthode pour y parvenir allant éventuellement jusqu'à la conception de matériaux thermo-structurés. Pour cela la connaissance fine du contexte et des attentes associées est nécessaire, la définition du **cahier des charges fonctionnel** de la rénovation thermique [Vandamme 2011], incluant les aspects coûts, puis le **cahier des charges technique** du matériau est essentielle. La mise en place d'indices de performances pour choisir parmi les matériaux, traditionnels et innovants, par exemple comme illustré pour le coût de la résistance thermique (fig. I.3a) ou celui du cumul de l'isolant et de la perte immobilière (fig. I.3b) peut devenir un outil d'aide à la décision.

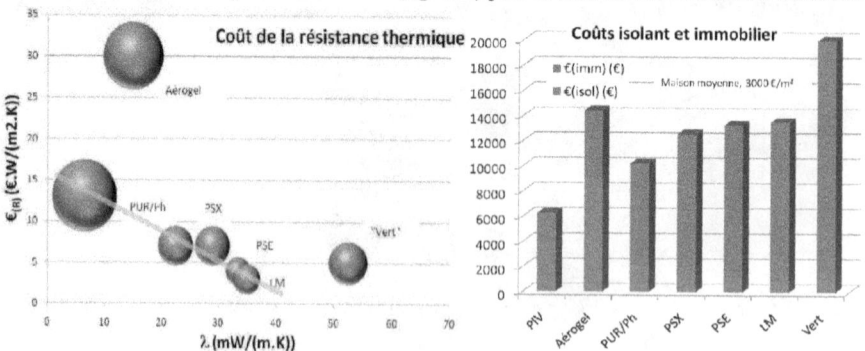

Figure I.3 : a. Coût des isolants en fonction de leur efficacité. b. Couts cumulés 'isolant et immobilier' pour différents systèmes isolants. Courtoisie B. Yrieix)

I.2. Positionnement de la problématique

Des techniques d'amélioration de l'isolation thermique des parois (Fig. I.4.) , notamment des murs, existent comme celles d'isolation thermique par l'extérieur (ITE) et celle d'isolation thermique par l'intérieur (ITI). Ces techniques fortement développées en Europe se heurtent en France à des verrous scientifiques et économiques. L'ITE présente de nombreux avantages comme celui de permettre les travaux d'isolation en site occupé, elle atteint toutefois ses limites lorsque l'on ne souhaite pas agir sur la façade du bâtiment existant (façade classée, ou emprise sur la chaussée limitée).

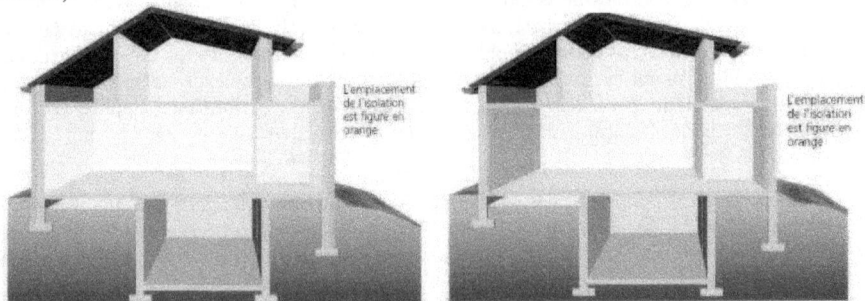

Figure I.4 : Isolation Thermique par l'Extérieur (ITE) Isolation thermique par l'Intérieur (ITI) (ADEME)

L'isolation thermique par l'Extérieur

Les raisons qui ont empêché l'ITE de se développer sur le marché français sont nombreuses (9millions de m² en 2009 soit 17% du marché[1]); parmi celles-ci figurent le coût et des possibilités architecturales limitées mais aussi la multiplicité des systèmes, des techniques et des niveaux de performances avec 50 agréments techniques européens actuellement valides. On retrouve dans ces deux freins le procédé d'enduit sur isolant. En effet, les procédés actuels (sandwich isolant/enduit/renfort/enduit) de par leur épaisseur imposent le traitement de nombreux points singuliers (fixation de volets, cadre de fenêtre), ce qui conduit à des chantiers très long (1mois pour un pavillon de 100m² au sol). D'autre part les retours de la SYCODES qui analyse les litiges en constructions et des fournisseurs montrent qu'un nombre conséquents de bâtiments traités (20%) doit être entièrement ou partiellement refait pour limiter la présence de fissurations préjudiciables.

En termes de concept, les nouvelles générations d'enduits d'isolation par l'extérieur seront des matériaux complexes à matrice mixte, minérale et organique. La 'génération N+1' a pour objectif d'incorporer la phase renfort dans le composite dés la formulation. De plus la texture de cet enduit devra être compatible avec la variété architecturale imposée par les bâtis existants, et enfin devra être personnalisable en couleur et en rendu de surface (modénatures, etc) pour correspondre aux attentes des propriétaires, des architectes et des urbanistes et permettre d'associer un renouveau architectural à un renouveau thermique. Les générations 'N+2' et suivantes devront aller vers une intégration de l'isolant dans la phase granulaire et une évolution des systèmes de mise en place en synergie avec les métiers et les procédés maitrisés par les applicateurs des champs professionnels impliqués (maçonnerie, peinture, plâtrerie).

En tout état de cause, il s'agit du développement d'un matériau auto-renforcé sur mesures, multifonctionnel. Les principales contraintes sont focalisées sur la thermo-mécanique, l'esthétique

---

[1] Etudude TBC avril 2010, pour le CSTB

et hydrique, mais aussi la mise en œuvre. Le procédé majoritairement utilisé pour les matériaux actuels, la projection, pour assurer un gain de productivité, fait partie des éléments qui limitent l'innovation.

L'isolation thermique par l'Intérieur

Lorsqu'il est impossible d'intervenir en façade du bâtiment, la seule solution reste alors l'isolation thermique de la paroi (mur, plancher, toiture) par l'intérieur. La France (avec le Québec) est le seul pays au monde qui pratique massivement cette isolation pour les murs (y compris en construction neuve) en utilisant des systèmes de complexe de doublage ou d'isolant rapporté avec parement intérieur sur ossature. Mais dans l'existant, indépendamment des travaux à mettre en œuvre dans le volume habité, cette technique pose le problème rédhibitoire (i) de l'épaisseur du complexe qui vient empiéter sur le volume habitable de par la performance des complexes isolants actuels (90 mm + 10 mm de plâtre par exemple) et (ii) des niveaux de performance imposés par la réglementation thermique française dans l'existant (résistance thermique de parois rénovées de l'ordre de 2.2 à 3.2 m²K/W).

Aujourd'hui, la majorité du marché des systèmes d'isolation thermique pour l'existant et le neuf concerne des systèmes d'isolation par l'intérieur. Ces systèmes intègrent un isolant associé à un parement et viennent se fixer directement à l'intérieur de l'habitat sur la paroi structurelle non isolée assurant ainsi le support du revêtement décoratif intérieur des pièces de vie.
Au-delà de l'investissement généré par la mise en place des produits isolants thermiques classiques pour réduire les consommations énergétiques, une perte de surface habitable conséquente pouvant représenter jusqu'à 5%, vient impacter négativement le retour sur investissement.
Sur ce cœur de marché très important la problématique devient donc bien une question de ratio entre le coût de l'épaisseur de matériau isolant à mettre en oeuvre pour isoler et la perte patrimoniale générée par cette épaisseur. Compte tenu des valeurs de résistance thermique imposées pour l'existant mais aussi pour le neuf, c'est bien la **conductivité du matériau isolant** [Rigacci A.] qui est au centre de cette problématique.
La valeur significative de cette perte patrimoniale compte tenu de la performance actuelle des isolants sur le marché joue un rôle de véritable frein sociologique à la politique d'efficacité énergétique surtout sur le parc existant ancien non isolé d'avant 1974.
Ce constat justifie pleinement **le développement de systèmes d'isolation par l'intérieur à haute performance donc à faible épaisseur**, adaptés spécifiquement aux systèmes d'ITI, enjeu majeur de la problématique d'amélioration de l'efficacité énergétique nationale sur le parc existant.

I.3. Problématique scientifique

La formulation d'éco-matériau a déjà beaucoup été étudiée par le passé au sens de la mécanique et de l'utilisation de matériau bio-sourcé. Cependant, de nombreux verrous scientifiques sont apparus plus récemment. L'objectif global est d'améliorer de manière radicale et durable la performance énergétique des systèmes d'isolation ITI et ITE destinés à la rénovation. Seule une rupture en conception de produit peut amener un tel saut de performances.

Le premier verrou scientifique, **architecturer les vides** d'un matériau poreux pour obtenir des **propriétés thermiques et mécaniques appropriées,** a été exploré pour de nombreuses applications tel que le freinage, l'aérospatial, les catalyseurs, le génie civil et bien sûr le bâtiment. Toutefois le domaine de la rénovation de bâtiment a peu fait [Elfordy 2008] à notre connaissance, l'objet d'études publiées. En première lecture les deux propriétés sont antagonistes, la mécanique impose un squelette granulaire lianté compact donc une porosité très faible ; la thermique et l'hygrique[2] une porosité forte contrôlée en taille et en connectivité ainsi qu'un taux de porosité important.

---

[2] Hygrique, pour transpfert d'eau en phase vapeur

La lecture d'un handbook matériau [Ashby] confirme la très forte conductivité des liants hydrauliques et des matériaux de nature silico-calcaire (2 000 mW/m/K), la forte conductivité des polymères (300 mW/m/K) la conductivité faible de l'air (24 mW/m/K) et extrêmement faible du vide en milieu confiné (5 mW/m/K), les systèmes thermo-structurés solutions sont par conséquent majoritairement des organo – minéraux fortement poreux. Pour **comprendre la structuration de ces systèmes**, il est nécessaire de disposer d'outils de caractérisation pertinents tant au niveau de la microstructure que des propriétés mécaniques, c'est le second verrou scientifique.

Le troisième verrou scientifique, porte sur la dualité des renforts associés à ces matériaux, ils doivent amener un plus mécanique tout en limitant les perturbations induites sur la rhéologie des matériaux à l'état frais. Ceci impose une **connaissance statistique de leurs propriétés en traction, le développement d'essais de rhéologie représentatifs**, et **l'étude fine de la propagation de fissure** sur les composites obtenus.

Le dernier verrou scientifique, concevoir un matériau durable dans son environnement de service, conduit à étudier ses performances en début de vie, mais aussi lorsque la fissuration se développe et évolue. Il est utile de pouvoir **prédire dès la conception, si la fissuration en service impactera ou non les propriétés thermiques.**

Chacun de ces verrous amène à des changements d'échelle (unité d'habitation>murs,>matériau du mur>liant organo-minéral) pour mesurer, comprendre et modéliser les propriétés recherchées et obtenir in fine une pré-sélection de formulations pertinentes (Fig I.5.)

I.4. Organisation du manuscrit

Rendre compte de ses activités dans un manuscrit de HdR, c'est avant tout faire un choix argumenté, accepter de ne pas citer toutes les collaborations initiées, les compétences acquises au contact d'autres chercheurs, les projets d'innovations menés à bien ou laissés en attente pour des raisons humaines, scientifique ou économiques.

Ce travail d'architecture sur les connaissances acquises et les perspectives de recherche, me conduit à présenter un manuscrit qui suit un ordre linéaire chronologique, et **se focalise sur les composites thermo-structurés, thématique développée à MATEIS.** Les leviers scientifiques qui rythment mon parcours sont au nombre de trois :

- mettre au point des protocoles expérimentaux rigoureux pour étudier les relations microstructures / propriétés mécaniques
- s'appuyer sur des modèles pertinents pour mettre en œuvre le juste niveau d'expérimentation nécessaire à la conception by désign (matériau ou structure)
- conséquence du point précédent, développer des outils de mesure dédiés à ces modéles.

I. ANALYSER un SYSTEME CONSTRUCTIF . du Macro...vers le Nano

Système   constructif,
Echelle MACRO

Paroi,
**Echelle
MESO**

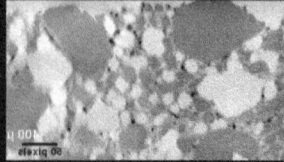

Matériau ITE architecturé
(Grains + Liants + Pores + Fibres)
Echelle MICRO

Liants organo_minéral
Echelle NANO

II. DEFINIR les propriétés ciblées

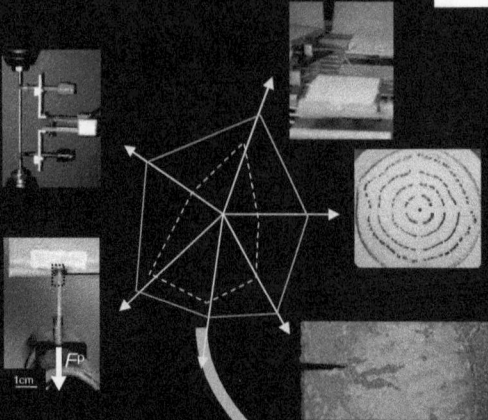

III. MODELISER les relations
Propriétés ⟷ Microstructures

IV. METTRE AU POINT des Outils de formulation 'by design'

Liant   Fibres   Outil rhéologie/fissuration   +   Outil transfert hygrique

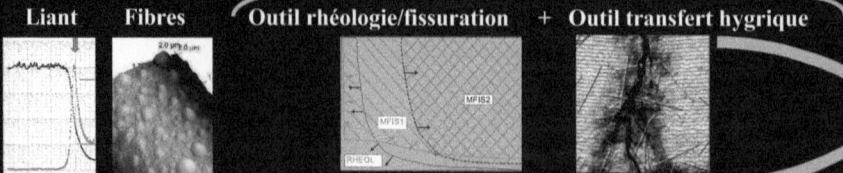

SELECTIONNER puis ELABORER et EVALUER des formulations pertinentes

Figure I.5 :   Analyse du système constructif étudié, de l'échelle macro (unité d'habitation) à
l'échelle matériau, principe de 'formulation virtuelle'

J'ai choisi de centrer chaque chapitre sur une échelle très différente du matériau et de m'appuyer sur une description morphologique des composites comme l'association de 4 phases (liant, fibre, squelette, porosité). Au fil des chapitres, l'objet étudié passe de l'hydrate nanométrique à la paroi de bâtiment, la complexité est croissante.

Le chapitre I met en place un outil de formulation virtuel destiné au matériau thermo-structuré et plus particulièrement à l'isolation thermique par l'extérieur, qui regroupe des conditions mécaniques de fisssuration sur mortier durcit et des conditions rhéologiques sur mortiers à l'état frais. Ce chapitre reflète le travail de thèse de F. Chalencon.

Le chapitre II s'articule autour de l'étude d'une phase liante complexe qui associe un liant minéral et un liant organique, et met en évidence un lien microstructure / propriétés mécaniques en s'appuyant sur des caractérisations dynamiques en température. Ce chapitre est essentiellement issu du plusieurs projets de masters.

Le chapitre III porte sur l'étude d'étaillée d'un renfort fibreux, par analyses statistiques couplées des tailles de défauts via la microstructure et via la mécanique. Il prouve l'intérêt d'utiliser une loi normale pour décrire la distribution en taille des défauts.

Le chapitre IV étudie le comportement en service d'une paroi de bâtiment, et plus particulièrement l'impact de la fissuration sur ses performances thermo-hygrique. Ce chapitre correspond au travail de thèse de S. Rouchier en coopération internationale avec la DTU (Danemark).

L'annexe I donne au lecteur une vue complète de mon parcours scientifique avec une description synthétique des projets que j'ai conduit, lors de ma thèse, dans l'industrie, à l'UMLV et enfin à MATEIS.

L'annexe II propose une sélection de quatre publications en texte intégral qui reflète l'ouverture et la diversité de mes actions en recherche.

I.5. Références chapitre I

ANR, « Appel à projet "Bâtiment et Ville Durable" ». Edition 2011.

Elfordy, S., Lucas, F., Tancret, F., Scudeller, Y. et Goudet, L. *Construction and Building Materials*, (22) 10: (2008) 2116-2123.

Grenelle II, loi 2010-788 du 12 juillet 2010

Lanos C. & al, Construire et réhabiliter : vers quelles solutions d'isolation ?.*Matériaux 2010*, 18-22 oct 2010, Nantes.

Loi 2005-781 fixant les objectifs de la politique énergétique du 13 juillet 2005

Rigacci A. Superisolants thermiques de type aérogels, *Matériaux 2010*, 18-22 oct 2010, Nantes.

RT2012, décret 2010-1269 du 27 octobre 2010, consommation énergétique des bâtiments neufs

RT-Existant, décret 2007-363 du 19 mars 2009

Vandamme H., Nanotechnologies et nanomatériaux pour la construction, bâtiment et milieu urbain, Techniques de l'Ingénieur avril 2011.

Chapitre II :

Vers un outil de formulations pour les mortiers ITE

Sommaire

II.   Vers un outil de formulations pour les mortiers ITE

II.1.   Motivations scientifiques

Les travaux de D. Rouby à MATEIS ont amené le développement de procédés innovants pour la mesure des efforts à l'interface liant/fibre pour des matériaux céramiques denses [Kaflou 2006] et pour des composites thermo-structurés [Douarche 2001, Valette 2002].

Une recherche amont [Reynaud 2003] a appliqué l'outil de formulation virtuel ainsi développé au cas d'un composite du domaine du bâtiment, enchevêtrements de fibres de tailles microniques, le plâtre. Les premiers résultats expérimentaux (Fig. II.1.) suite à ce développement purement numérique ont montré que [Duthey 2007] :

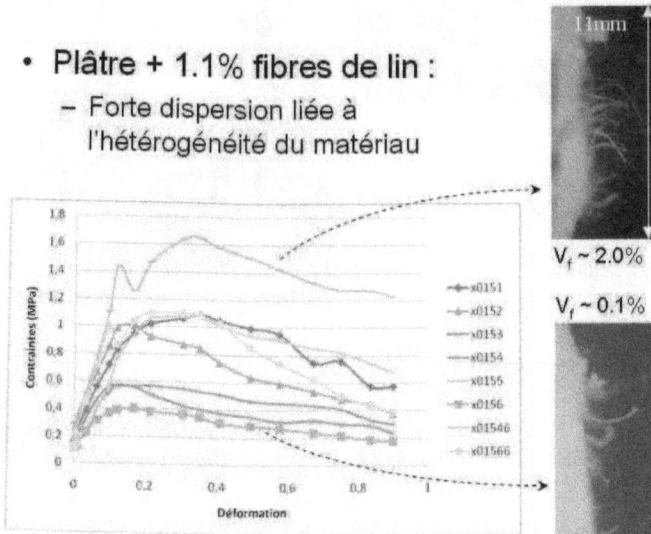

Figure II.1. Lien entre défaut de dispersions des renforts fibreux et propriétés mécaniques

(i)   l'ajout de fibres modifie fortement la rhéologie : sans adjuvantation les résultats sont dispersés en présence d'une adjuvantation pour disperser de manière homogène les renforts, il est ensuite difficile de dissocier l'apport des agents de rhéologie de l'apport des fibres.

(ii)   A iso-rhéologie, les différentes natures de fibres induisent des comportements mécaniques très différents (glissement, rupture, défibrilation)

(iii)   Un modèle mécanique de pontage d'une fissure par n fibres orientées manque pour prédire les domaines de formulation à explorer.

Les verrous scientifiques (i) et (iii) sont traités dans le cadre de la thèse de Florian Chalencon que j'ai co-encadré avec JY Cavaillé en collaboration avec EDF-ENERBAT. Cette thèse s'appuie également sur les compétences en Rhéologie de L. Orgeas de 3SR et notamment sur un rhéomètre original développé pour les matériaux fibreux enchevêtrés.

Cette thèse s'intéresse de manière appliquée à la formulation d'enduits d'Isolation Thermique par l'Extérieur du bâtiment, et a pour finalité la mise au point de nouvelles solutions techniques plus esthétiques, plus rapides à mettre en œuvre et plus durables [B. Yrieix 2006].

L'un des enjeux est de développer des tests de caractérisation, rhéologiques et mécaniques utilisant peu de matières premières pour développer des formulations. La solution employée actuellement à l'échelle industrielle consiste à réaliser des murs tests et à observer leur durabilité lors de la maturation de l'enduit puis lors d'essais thermo-hygriques (Fig. II.2.).

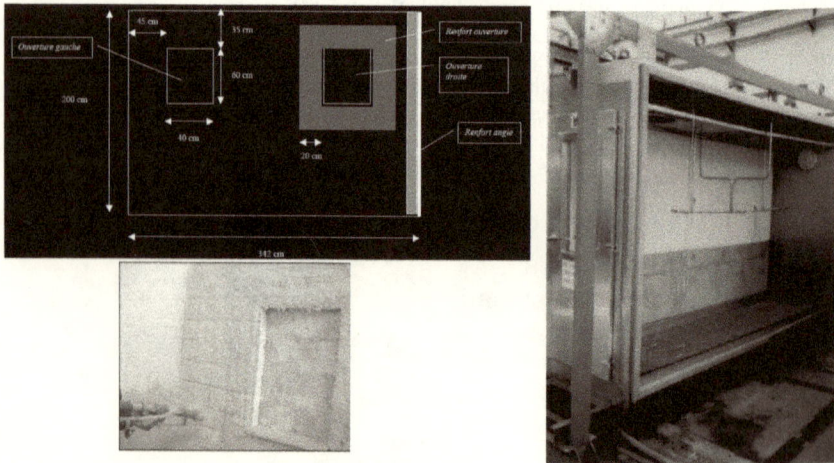

Figure II. 2. Modalité d'élaboration et schéma du mur de 6m² pour durabilité thermo-hydrique

Le développement de ces enduits ITE est un challenge qui se heurte du côté des avis techniques à un goulot d'étranglement. Il existe peu de plateformes disponibles pour réaliser les tests en vue d'obtenir les avis techniques nécessaires pour la mise sur le marché ; de plus, le nombre de demandes a augmenté de 80%, ce qui impacte fortement les délais d'accréditation.

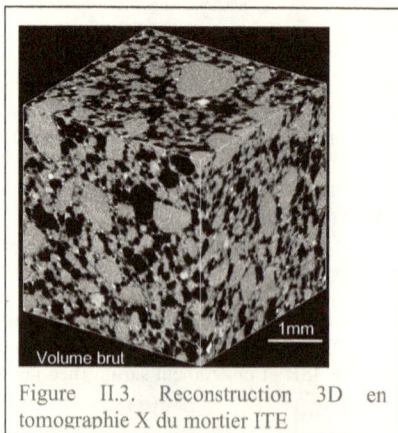

Figure II.3. Reconstruction 3D en tomographie X du mortier ITE

Ce problème de formulation est intéressant du point de vue scientifique car il impose de renforcer par des fibres courtes, un matériau très fortement poreux (40% de porosité ouverte) sans modifier le réseau poreux existant. Or diminuer la taille du défaut caractéristique est l'un des principaux leviers pour améliorer les performances mécaniques.

La reconstruction volumique de ce matériau à partir d'images en tomographie X à une résolution de 10 microns, (Fig II.3) montre les grains du squelette granulaire en gris, soit un ton plus clair les phases liantes et en noir la porosité. Les contrastes mis en évidence sont critiques et pertinents car ils permettront de déterminer la distribution en taille des macropores et de vérifier qu'elle n'évolue pas. Certaines questions scientifiques abordées dans ce travail de thèse sont présentées ci-dessous.

II.2. Eléments de bibliographie

Les bétons, mortiers et pâtes de ciment sont des composites granulaires liantés très performants en compression mais inefficaces en traction, et sujet par conséquent à la fissuration. L'ajout de renforts localisés sous la forme d'armatures ou de treillis ou dispersés sous la forme de fibres est donc obligatoire dans toutes les structures soumises à des sollicitations complexes. Les récents enjeux environnementaux (consommer moins de matières premières, augmenter le temps de service des structures) ainsi que (i) les progrès en chimie des fibres et en possibilités de production en masse, (ii) la disponibilité de fibres recyclées, (iii) la disponibilité de fibres naturelles relancent l'intérêt pour la formulation de composite à fibres courtes.

La sélection des fibres (nature, longueur, quantité) se fait souvent de manière empirique et s'appuie sur des lois d'évolution de la contrainte de traction en fonction de l'ouverture d'une fissure [Wittmann 88, Akkaya 2000, Desai 2003]. Li a proposé, pour des mortiers structuraux appliqués au génie civil, une méthodologie de formulation alternative basée sur la micromécanique de l'interface fibre/matrice au cours de l'extraction d'une fibre [Li 93]. Cette méthodologie dégage rapidement les formulations qui sont susceptibles de présenter un comportement multi-fissurant en traction simple : localisation de multiples petites fissures peu ouvertes sans propagation. Le comportement recherché se traduit par une augmentation linéaire de la contrainte après le pic, il est appelé Pseudo-Strain-Hardening (PSH) par Li, nous l'indiquerons MFIS [Yang 2008].

Le premier verrou scientifique consiste à connaitre la loi de comportement des fibres en traction. Le second [Marshall 88, Li 93] porte sur la connaissance des propriétés de l'interface fibre/matrice et passe par la conduite d'essais d'extraction de fibres. Ces essais d'extraction sont ensuite modélisés par une analyse micromécanique élémentaire de la contrainte équivalente de pontage σ^{π} de n fibres pontant une fissure d'ouverture δ et contenue dans un composite soumis à de la traction (Fig. II.4).

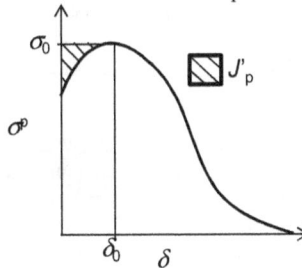

Figure II. 4. Courbe contrainte de pontage-ouverture de fissure $\sigma^p(\delta)$ [5].

Suivant le mode de rupture des composites étudiés, deux critères sont définis et peuvent être pertinents. Le premier MFIS1 s'appuie sur des valeurs de contrainte et le second MFIS2 prend en compte des énergies. Dans le cas des matériaux à rupture fragile c'est normalement le critère en contrainte qui conditionne le comportement multifissurant (MFIS1) ou la combinaison des deux (MFIS1 et MFIS2)) [5].

MFIS1 est établi à partir de la contrainte ultime de pontage σ_0 mesurée pour une ouverture δ_0 (Figure II.1) et la contrainte ultime de la matrice σ_α sans fibre :

MFIS1 = $\sigma_0/\sigma_\alpha > 1$ (1),

MFIS2, est égal au rapport des énergies complémentaires (i) de pontage des fibres J'_p (cf. Figure II.1) et (ii) de fissuration de la matrice J_{tip} défini par : $J_{tip} \cong (K_m)^2/E_m$ (K_{ICm} et E_m étant respectivement la ténacité et le module élastique de la matrice) [Yang 2008].

MFIS2 = $J'_p/J_{tip} > 1$ (2),

Le modèle de formulation virtuelle intitulé Engineering Cementitious Composites proposé par Li pour des matériaux denses permet ensuite de faire varier les paramètres de microstructure de la fibre (longueur, quantité, orientation, module, propriétés d'interface) ou de la matrice (porosité, module, propriétés d'interfaces …) pour déterminer le renfort le plus efficace pour un composite donné [Yang 2008, Yang 2009]. Toutefois, ce modèle ne tient pas compte des conséquences importantes de l'ajout de fibres sur la rhéologie du composite lors de l'élaboration, et suppose que celle-ci n'est pas dégradée.

Dans ce travail, nous appliquons ce modèle de formulation virtuelle ECC au cas d'un mortier fortement poreux. Dans un premier temps le renfort envisagé est une fibre de verre, et les optimums recherchés sont le type de fibre, la longueur, et la quantité permettant d'atteindre un comportement multifissurant tout en maintenant une ouvrabilité raisonnable du mortier.

Ce mortier destiné à l'Isolation Thermique par l'Extérieur des bâtiments appartient à la catégorie des matériaux thermo-structurés, son cahier des charges cible des propriétés thermiques et mécaniques. Une Distribution en Taille de Pores DTP bimodale lui confère un caractère imperméable à l'eau et perméable à la vapeur, pour une porosité totale ouverte de 40%. In finé le mortier auto-cohérent, formulé à partir de la méthode ECC, doit conserver une DTP, un aspect esthétique et une durabilité au moins égale à celle affichée par le mortier non fibré. Le paramètre de premier ordre dans la conception de ce matériau est l'ouverture des fissures δ.

II.3. Matériaux et techniques expérimentales

II.3.1 Matériaux étudiés

Au départ de cette étude, 4 mortiers ITE sont disponibles sur le marché et disposent d'un avis technique. Le mortier présenté ici est retenu car il est représentatif et hors accord de confidentialité avec les industrieuls partenaires. Ce mortier est élaboré à partir d'un mélange granulaire sec commercial (Maïté monocomposant, Lafarge) composé de charges siliceuses et calcaires (60%), de ciment CPA CEMI 52.5R (20%) et de copolymères vynilique et acrylyque (20%). Sa distribution en taille de grains s'étend de la centaine de nanomètre au mm, et les deux phases liantes organique et minérale forment une co-matrice.

Ce mortier est renforcé par des fibres courtes composées d'une même nature de monofilament de verre Alkali Résistant (Verre AR). Les monofilments ensimés pour répondre aux aléas de production, sont aussi traités en surface pour répondre au cahier des charges d'une application composite cimentaire. Les mèches High Properties (HP_Cemfil Anti-Crack, Owenscorning) sont constituées d'environ 200 fibres de verre de 14µm de diamètre et associées à un polymère époxy, une coupe transversale sur la mèche montre une section droite elliptique (cf. Figure II.6). L'intégrité de la mèche est conservée après malaxage et élaboration du composite cimentaire. A partir de coupes micrographiques issues de tomographie X, et d'analyses de thermogravimétrie, les fractions volumiques de verre et de polymère sont respectivement estimées à 40% et 3%, ce qui permet d'estimer le module d'Young longitudinal de la mèche E^f à 20GPa, par une simple loi des mélanges.

II.3.2 Elaboration et mise en forme des éprouvettes

L'élaboration du mortier renforcé consiste à mélanger dans un malaxeur perrier normalisé l'eau et le prémix dans un rapport de 17%$_m$ ($m_{eau}/m_{prémix}$) durant 180s. 1%$_m$ de mèches de verre HP (longueur $L^f = 12$ mm) est ajouté en deux fois respectivement à 60 et 90 s. Après un contrôle de consistance et de densité, le mortier auto-renforcé est mis en place par coulage gravitaire, dans un moule spécifique (Fig. II.5). Ce moule permet d'obtenir 30 éprouvettes d'épaisseur $h = 6$ mm et de longueurs enchâssées variées ($L_e = 4, 8, 12$ mm) en une seule élaboration.

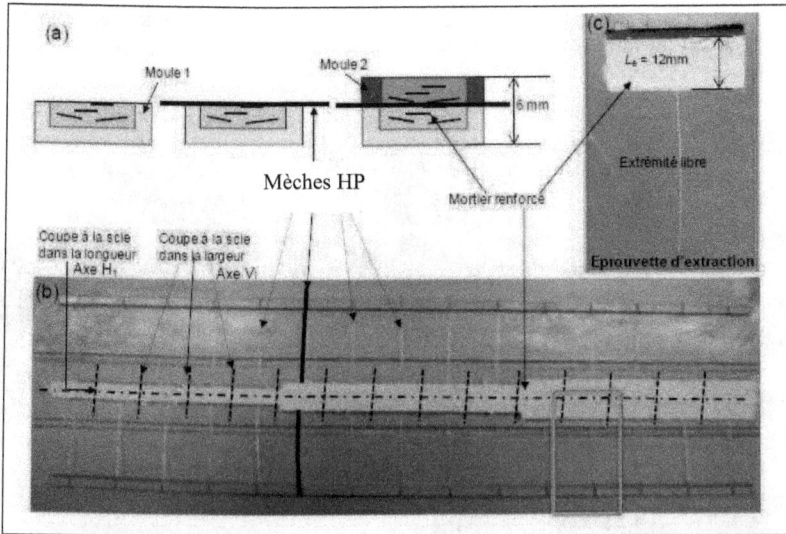

Figure II. 5. a. Schéma de mise en forme des éprouvettes, b. Partie inférieure du moule silicone, c ; éprouvette après découpe

Dans un premier temps le moule est rempli à mi-hauteur. Les mèches HP sont ensuite tendues à la surface de mortier fibré encore frais. Puis, recouvertes par une seconde couche de mortier frais, chaque mèche est ainsi parfaitement insérée à mi-hauteur d'éprouvette. Après une cure de 1j à 90%HR et 20°C, puis 13 jours à 35%HR et 20°C, les éprouvettes sont individualisées par découpe à la meule diamant, puis la partie libre de chaque mèche est collée sur une lamelle métallique. Ceci assure lors de l'essai d'extraction, un maintien de la partie libre de la mèche dans les mors de traction sans possibilité d'endommagement.   Enfin, une grille discontinue aléatoire est projetée sur la partie libre des mèches et sur l'éprouvette. La finesse et le grain particulier de cette grille conditionnent, le suivi par corrélation d'images du déplacement de la mèche.

II.3.3 Microstructure du mortier et de l'interface mèche mortier

Le mortier étudié contient une porosité ouverte structurée qui occupe 40% du volume et est structurée à plusieurs échelles. Lorsque l'on décrit la porosité en partant de l'échelle macroscopique, en utilisant des moyens comme la tomographie X, on constate que 30% du volume du matériau est occupé par un réseau de bulles ou de cellules (pore + paroi) d'environ 200 µm de diamètre. Ces cellules résultent de la présence d'un latex porogène et sont connectées entre elles par des capillaires de 10 µm environ [Chalencon 2009, 2010] (Fig. II.6a-6b). A l'échelle mésoscopique, puis microscopique, la comatrice organo minérale est observée, les hydrates nanométriques et leur arrangement enchevêtrés avec une phase organique sont clairement mis en évidence (Fig. II.6c-6d).

La tomographie montre que ces cellules et leurs parois se sont agglomérées le long de la mèche de renfort placée dans l'échantillon pour l'essai d'extraction (Fig.II.7). A une échelle 10 fois plus petite, l'observation au MEB confirme que l'interface n'est pas continue, mais tissée comme une dentelle (Fig.6b). A un grossissement de 32000, l'interface est réduite à de petites surfaces discrètes inférieures en taille à 50 µm² (Fig. II.8). Deux hypothèses : (i) l'interface s'est déchirée lors de l'essai, ou (ii) elle s'est texturée de cette manière. La Figure II.8 permet de visualiser des particules individuelles de latex de 1µm en taille, une fibrille latex de 8µm *2µm parallèle à l'axe de la fibre qui présente une striction.

L'interface mèche/matrice est donc multi-échelles de par la nature et la géométrie de la porosité. La surface développée de l'interface et sa continuité sont complexes.

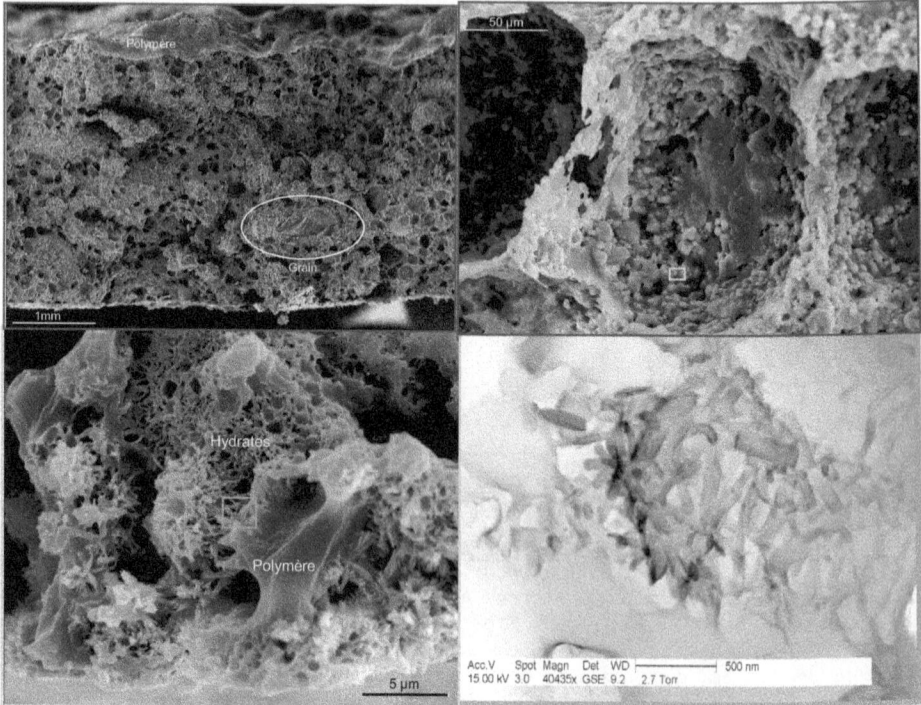

Figure II. 6. Microstructure multiéchelle du mortier montrant une tranche sur l'épaisseur, puis un zoom sur une bulle de 200 microns, la paroi d'une des bulles formées d'une texture spongieuse et à l'échelle du nanomètre les hydrates cimentaires

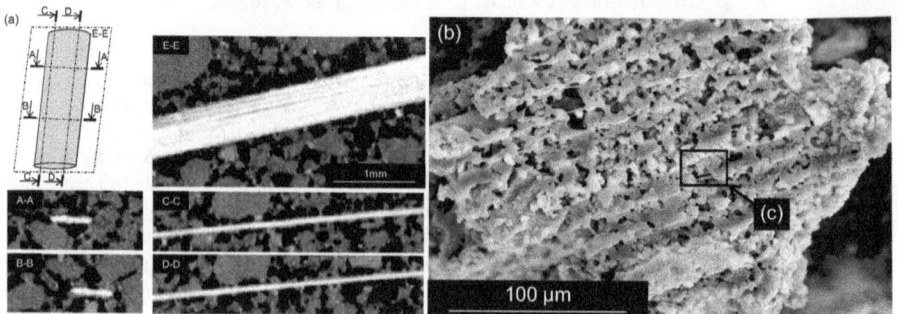

Figure II. 7. Coupes en microtomographie X indiquant la présence de pores sphériques tangents à la mèche de pull out (a), micrographie MEB de l'empreinte d'une mèche après extraction, indiquant la présence de nombreuses discontinuités (b),

Figure II. 8. Micrographie MEB d'une interface mortier / monofilament, le contact effectif entre mèche et matrice est ponctuel et restreint à quelques μm^2

II.3.4 Dispositif de l'essai de Pull Out

Le disposif de pull-out (Fig. II.9a) extrait d'un composite des mèches inclinées d'un angle θ par rapport à la normale à la surface d'un échantillon. Le contrôle de l'alignement, primordial pour ce type d'essai est assuré par (i) une rotule sur le mors supérieur, et (ii) la qualité du contact entre l'éprouvette et la pièce rectifiée. Le dispositif est placé sur machine de traction électro mécanique (INSTRON1195, cellule de force de 500N), qui a la particularité de pouvoir être associé à un microcope mobile solidaire de la traverse, à un microscope téléscope ZEISS, et à un système de vidéo traction.

Avant chaque essai, la longueur enchâssée L_e de la mèche à extraire est précisément mesurée. Les essais sont menés à une vitesse de traverse constante de 0,2 mm/min. Au cours des essais, la force d'extraction F^p est enregistrée. De plus, un microscope ZEISS en série avec une caméra numérique réalise une prise d'image séquentielle toutes les secondes avec une résolution 4.5 μm. Un essai d'extraction in-situ est ainsi réalisé sur des éprouvettes macroscopiques, avec une qualité d'image proche d'une observation au MEB.

L'objectif de l'essai est de pouvoir suivre l'extraction en s'affranchissant de la raideur de la machine d'essai et des jeux présents. Un dispositif d'analyse d'image est utilisé pour mesurer avec finesse les déplacements relatifs de la mèche. Le dispositif labellise et identifie chacun des points solidaire de la mèche ou solidaire de l'éprouvette. Pour chacun de ces points, des données telles que position (x,y), caractéristiques géométriques, centres de gravité sont extraites. Ceci permet, après analyse et calcul, de déterminer l'extraction u_i de la mèche à un instant i, en suivant l'évolution de la distance d entre deux points respectivement situés sur le composite et sur la fibre : $u_i = d_i - d_0$ (Fig. II.9c).

Après chaque essai, les fibres extraites et les faciès d'extraction des mortiers sont caractérisés par microtomographie à rayons X (tomographe VtomeX) et observations MEB (JEOL 840ALGS).

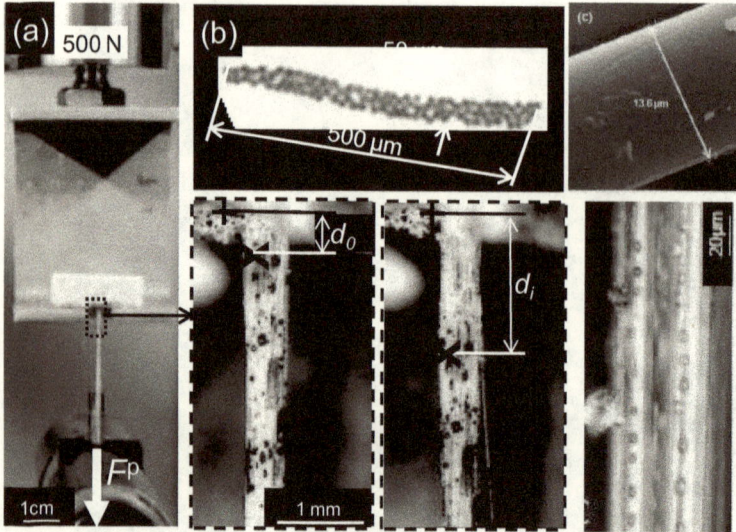

Figure II. 9. a. Dispositif de l'essai d'extraction de mèches (L_e,θ) et zoom sur la mesure de la position de la mèche au cours de l'essai, b. Coupe tomographie X, mèche HP, c. Micrographies MEB de monofilaments de la mèche HP

Analyse d'un essai de pull out

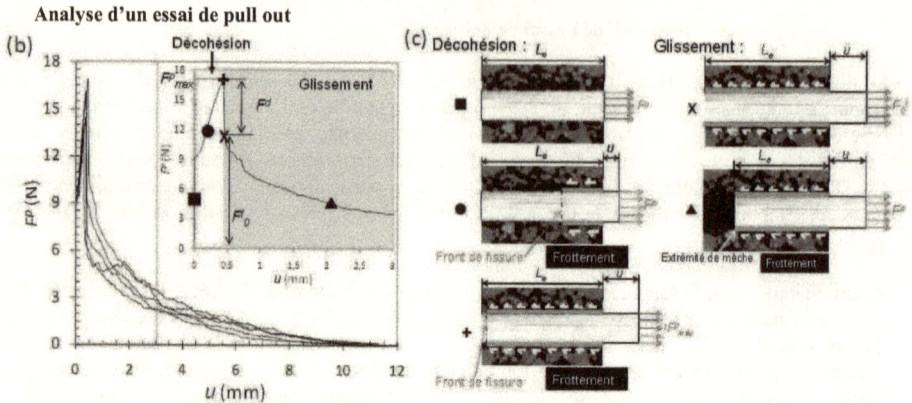

Figure II. 10. Courbes d'extraction de 5 mèches (θ = 0°) de longueur enchâssée L_e = 12mm, et schémas des étapes décohésion, glissement en tomographie X .

La Figure II.10 montre les courbes d'extraction F^p-u obtenues pour cinq éprouvettes (L_e = 12mm, θ =0) et confirme la reproductibilité des essais. La courbe supposée linéaire par partie peut se décomposer en trois temps. Dans la phase de décohésion, l'effort d'extraction F^p augmente linéairement rapidement pour atteindre une valeur maximale $F^p_{max} \approx 17$ N. Physiquement, l'allongement élastique de la mèche (étape ■) va peu à peu provoquer la décohésion de l'interface mèche/matrice (étape ●). Un frottement se développe alors entre la mèche et la matrice, et le front de décohésion se propage le long de l'interface (étape ●). La courbe passe par un maximum F^p_{max}, qui marque le début de la phase de glissement (étape +,).

La force chute brutalement d'une amplitude F^d, équivalente à la force totale de décohésion, pour atteindre une force F^f_0 (étape ✕).

A partir de cette étape (✕). , seul le frottement mèche-matrice s'oppose alors à l'extraction de la mèche. Ce frottement diminue, la pente de la phase (▲) est donc dans notre cas négative. Toutefois un choix judicieux de matériau (matrice et fibre) peut donner lieu à une augmentation des forces de frottement notamment si la fibre arrache des fragments de matrice, la pente mesurée sera alors positive [Lin 99, Mahmoud 2005].

II.4. Propriétés mécaniques de l'interface

Les propriétés de l'interface mèche-mortier sont calculées avec des hypothèses classiques [Marshall 86, Li 93] : section droite de mèche constante, matrice continue et de raideur infinie, prise en compte de la déformation élastique longitudinale de la mèche ($E^f = 20$ GPa) , effets de Poisson négligés :

- Avec ces hypothèses, l'énergie de décohésion G_d (ou énergie surfacique de propagation de la fissure à l'interface) qui intervient dans la phase I de l'extraction d'une mèche est estimée selon [Li 91] :

$$G_d = \frac{(F^d)^2}{2s^f p^f E^f} \qquad (3),$$

où F^d est la force de décohésion (*Fig. II. 10*), $s^f = \pi d_1 d_2/4$, la section droite des mèches (d_1 et d_2 étant les grands et petits axes de la section supposée elliptique) et où $p^f \approx \pi\sqrt{2((d_1/2)^2+(d_2/2)^2)}$ est le périmètre des mèches.

- La contrainte de cisaillement de frottement τ_0, caractérisant les frottements mèche mortier tout au long de la phase I, s'écrit [Lin 97] :

$$\tau_0 = \frac{F^f_0}{p^f L_e} \qquad (4), \text{ où } F^f_0 \text{ est la force de frottement « initiale » (Fig II.10).}$$

- Au-delà de la décohésion totale de la mèche, les courbes d'extraction sont alors analysées pour connaître l'évolution de la contrainte de cisaillement de frottement mèche-matrice τ^* avec le déplacement u. Cette évolution est de la forme [Lin 97]:

$$\tau^* = \tau_0(1 + \beta u) \qquad (5). \text{ où } \beta \text{ est un paramètre à déterminer.}$$

- Si l'angle θ de la mèche n'est pas nul, la force d'extraction F^p s'exprime suivant l'équation 8. Les effets combinés de traction, flexion et cisaillement dans la mèche qui agissent sont ainsi pris en compte [8] :

$$F^p(\theta) = F^p_{\theta=0} e^{f\theta} \qquad (6). \text{ Suivant le couple mèche-matrice, le coefficient de}$$

sensibilité à l'inclinaison f pourra être positif ou négatif [Li 91, Leung 92].

- Prise en compte de la rupture de la mèche :
  - Pour $\theta = 0°$, $F^p_{rupt} = \sigma^f_u s^f$ permet de calculer la valeur limite pour causer la rupture en non le glissement de la mèche.
  - *Pour $\theta > 0°$*, le chargement est complexe, et l'expression de cette valeur limite fait intervenir un coefficient f' supplémentaire [Lin 99] :

$$F^p_{rupt}(\theta) = F^p_{rupt(\theta=0)} e^{-f'\theta} \qquad (7),$$

$$\text{Avec } F^p_{rupt(\theta=0)} = \sigma^f_0 \left(\frac{L^f_0}{L^f}\right)^{1/m} s^f$$

Et les données suivantes mesurées par ailleurs : contrainte caractéristique de la fibre $\sigma^f_0 = 1350$ MPa avec de $L_{f0} = 60$ mm et $m = 8$

Le tableau I, résume les propriétés de l'interface mèche/mortier poreux déterminées expérimentalement. L'énergie de décohésion G_d décroit avec la longueur enchâssée L_e. Cette diminution est plus marquée pour L_e = 4 mm, des effets de bord pourraient l'expliquer et ont déjà été mis en évidence pour L_e/d^f < 100 [Lin 97]).

La contrainte de cisaillement initiale est en revanche constante et égale à 0.7 MPa, quel que soit L_e. Sur des fibres de verre AR (d^f = 14µm) dans une matrice cimentaire minérale dense, Zhandarov obtient τ_0 = 4.6MPa et indique que cette valeur chute à 1.7MPa sur des matériaux vieillis [2005]. La différence de valeur s'explique aisément par la différence de porosité des matrices étudiées.

Tableau I. Propriétés de l'interface mèche/mortier poreux

L_e (mm)	G_d (J/m^2)	τ_0 (Mpa)	β	f $\theta=0$	f' $\theta>0$
12 (5 ép.)	43±10	0.7± 0.03			
8 (5 ép.)	38± 5	0.7± 0.05	100	0,015	0,02
4 (5 ép.)	15± 3	0.7± 0.02			

II.5. Modélisation chaînée de la contrainte de pontage d'une fissure

La modélisation [Li 93] s'effectue à partir de trois modèles qui s'imbriquent comme des poupées gigognes (Fig. II.11). Le premier Mod_Ext décrit l'extraction d'une fibre enchâssée sur une longueur Le, le second Mod_Unit décrit dans un échantillon l'ouverture d'une fissure, pontée par une fibre, enchâssée respectivement de L_{e1} et L_{e2}, et inclinée de θ par rapport à la fissure. Le dernier Mod_Géné décrit l'ouverture d'une fissure pontée par n fibres orientées, et enchâssées.

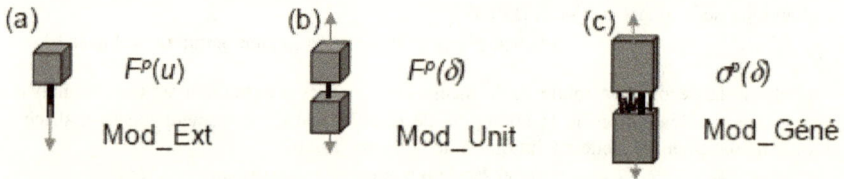

Figure II. 11. Mod_Ext, Mod_Unit, et Mod_Géné, trois modèles chaînés pour prédire la contrainte de pontage d'un composite à n fibres orientées.

II.5.1 Courbe d'extraction d'une fibre enchâssée : Mod_Ext

Dans un premier temps, nous modélisons la courbe d'extraction $F^p(u)$. La première partie de la courbe jusqu'à l'effort maximal ($F^p{}_{max}$) correspond à l'étape de décohésion. La transition décohésion/glissement se produit pour un déplacement u_t donné par l'équation (9):

$$u_t = \frac{p^f L_e^2 \tau_0}{2E^f s^f} + \sqrt{\frac{2p^f L_e^2 G_d}{E^f s^f}} \qquad (9)$$

Ce déplacement correspond à l'allongement élastique de la mèche soumise au frottement et à la force de décohésion. Dans l'étape de décohésion, l'évolution de l'effort de pontage F^p s'écrit (10):

$$F^p = \sqrt{2p^f s^f E^f (\tau_0 u + G_d)} \qquad \text{pour } 0 \le u \le u_t \qquad (10)$$

Dans l'étape de glissement, l'effort de pontage ne dépend plus que des forces de frottement; il est défini par (11):

$$F^p = p^f \tau_0 (L_e - u + u_t)(1 + \beta(u - u_t)) \qquad \text{pour } u_t \le u \le L_e \qquad (11)$$

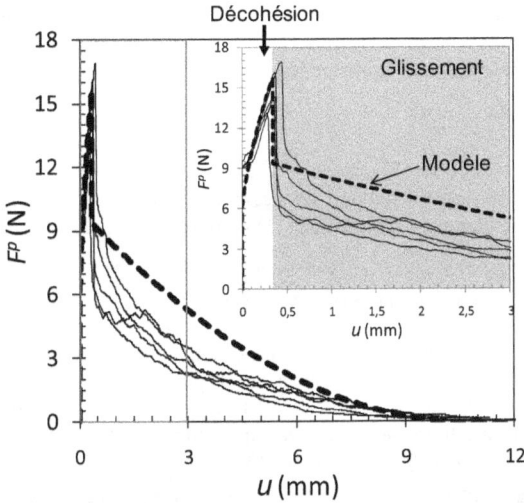

Figure II. 12. Comparaison des courbes d'extractions expérimentales et modélisées par Mod_Ext

La courbe effort de pontage/glissement [Marshall 86, Li 93] résultat de Mod_ext alimenté par les propriétés de l'interface listées dans le tableau I est comparée aux résultats expérimentaux (Fig. II.12). La corrélation est satisfaisante, l'écart le plus marquant se produit au début de l'étape de glissement où le modèle surestime la valeur de l'effort. La diminution de la contrainte de cisaillement τ^* au cours de l'extraction pourrait être mieux décrite si une forme quadratique était utilisée.

II.5.2 Modélisation de la force de pontage d'une fibre, au cours de l'ouverture : Mod_Unit.

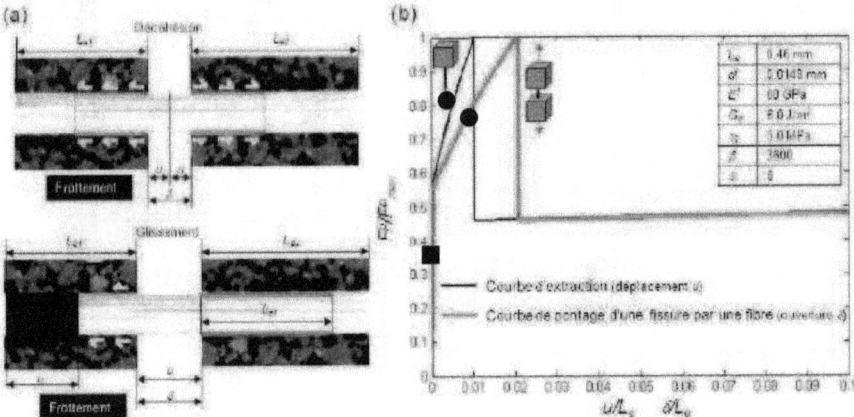

Figure II. 13. Superposition des courbes obtenues par Mod_ext (1 extrémité enchâssée et Mod_unit (1 fissure pontée)

Une fibre qui ponte une fissure est enchâssée sur deux longueurs L_{e1} et L_{e2} ($L_{e1} < L_{e2}$). Pendant l'ouverture de la fissure (δ), la décohésion se propage symétriquement sur ces deux longueurs enchâssées. Durant cette étape (●), l'ouverture de la fissure est donc égale à deux fois le déplacement : $\delta = 2u$. L'écriture de l'effort de pontage (F^p) en fonction de l'ouverture d'une fissure devient (12) et son tracé est modifié comme indiqué sur la Figure II.13.

$$F^p = \sqrt{p^f s^f E^f (\tau_0 \delta + 2G_d)} \qquad \text{pour } 0 \leq \delta \leq \delta_c. \tag{12}$$

Au cours de l' étape (●), la longueur enchâssée la plus courte déterminera la décohésion, l'ouverture de la fissure sur la phase de glissement qui suit est égale au déplacement : $\delta = u$. L'écriture de la force de pontage reste donc identique à l'équation (11) en remplaçant u par δ pour $\delta_c < \delta \leq L_e$.

II.5.3 Modèlisation discrète par n fibres orientées : Mod_géné

L'écriture de la contrainte de pontage peut être généralisée pour une dispersion homogène des fibres de part et d'autre de la fissure, et une orientation distribuée des fibres dans le plan (entre 0 et 90°).
La contribution totale des fibres pontant la fissure sera ainsi égale à la somme des forces de pontages $F^p(\delta)$ de chacune des fibres. Chaque fibre est repérée par la position de son centre de gravité par rapport à la fissure (0 ; $L^f/2$), et par son angle d'inclinaison (0,90°).

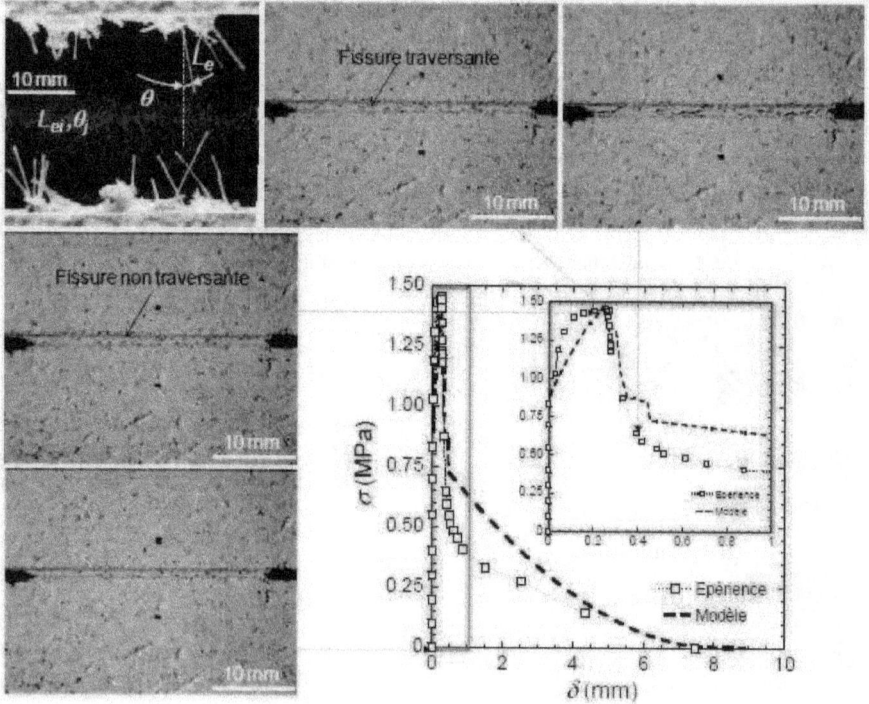

Figure II. 14. Courbes contrainte (σ) ouverture de fissure (δ) comparant l'expérimentation (traction sur éprouvette double entailles) au modèle Mod_Gene (uniquement le pontage des mèches).

II.5.4.   Comparaison modèle/expérience

Pour valider le modèle, nous avons élaboré un mortier renforcé par une fraction volumique $f^f =$ 0.006 de mèches HP de longueur $L^f = 24mm$ et coulé des plaques 300x100x6mm3. Ces plaques sont ensuite entaillées symétriquement, ce qui réduit la largeur utile à un ligament de $L_0 = 23mm$, rayées en surface, ceci localise la fissuration dans le champ utilisé pour la vidéo-traction et force l'ouverture d'une unique fissure. La vidéo traction à une résolution de $30\mu m$

Le résultat tracé est l'évolution de la contrainte nominale appliquée en fonction de l'ouverture de la fissure (mesurée par vidéo traction). Le faciès de rupture est étudié pour déterminer les (L_{ei}, θ_{ei}) des fibres encore enchâssées. Ces données alimentent le modèle discret.

Le profil de la courbe modèle corrèle assez bien avec le résultat expérimental (Fig. II.14). Néanmoins les niveaux de contraintes du modèle sont inférieurs à l'expérience sur l'étape I. La phase polymère du mortier développe des fibrilles et des ligaments qui pontent également la fissure (Fig. II.15). Cette seconde nature de pontage (fibrilles polymère) n'est pas prise en compte par le modèle. Elle est toutefois présente pour tous les renforts étudiés et n'invalide donc pas une étude comparative. Nous focalisons dans la suite uniquement sur les interactions fibres/matrice.

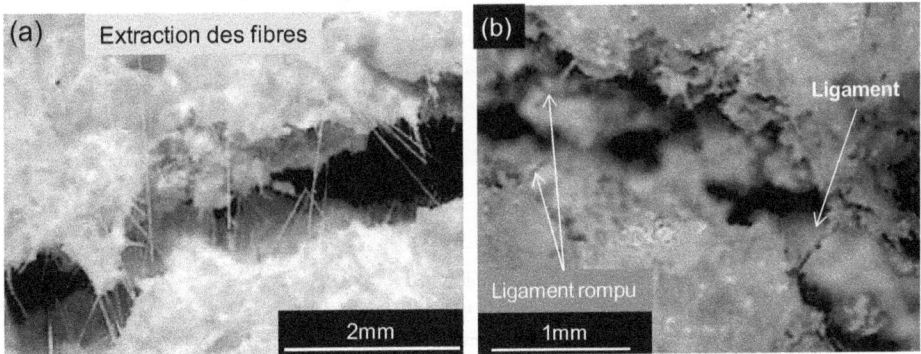

Figure II. 15. Micrographies in situ, montrant les deux natures de pontages, a :fibres, b :ligament polymère

II.6. Optimisation

II.6.1 Optimisation du taux et la longueur de fibres.

Nous souhaitons déterminer la teneur et la longueur optimale des fibres HP qui permettent d'obtenir le comportement MFIS et de conserver une rhéologie acceptable. La rhéologie est évaluée par la mesure de la contrainte σ 33 moyenne sur un rhéomètre de compression à taux de déformation constant. Nous proposons ainsi l'ajout d'un troisième critère (RHEOL) [Chalencon 2009b].

$$RHEOL = \frac{\sigma(L^f, f^f)}{\sigma(L^f = 0, f^f = 0)} = 1 + f^f \left(2 + \frac{\left(L^f/d^f\right)^2}{12\ln L^f/d^f} \right) \quad (14),$$

Dans cette équation $\sigma(L^f, f^f)$ et $\sigma(L^f = 0, f^f = 0)$ sont les contraintes nécessaires pour déformer le mortier renforcé à l'état frais et le mortier non renforcé à l'état frais. Le comportement du mortier à l'état frais au cours de la première heure est modélisé par un modèle d'écoulement de suspension semi-diluée de fibres dans un fluide [Lipscomb 1988].

L'évolution de ce critère suit une loi (14) dépendant de la fraction de fibres f^f, de la longueur de fibres L^f et du diamètre de fibres d^f.

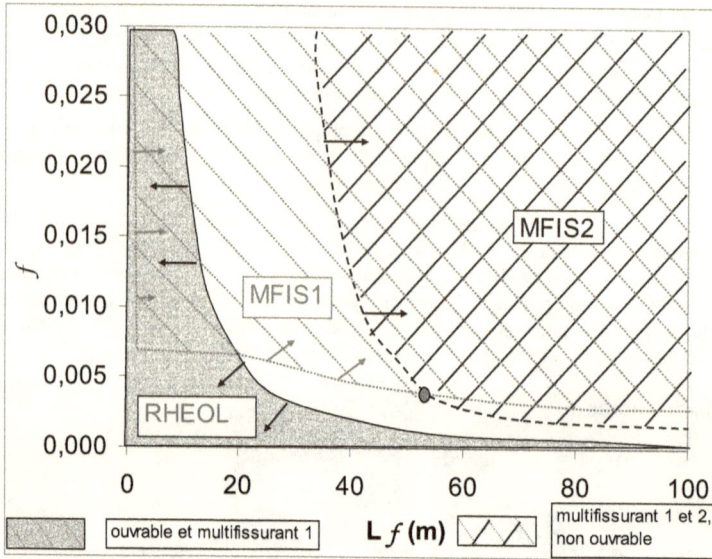

Figure II. 16. Évolution des critères MFIS1 MFIS2 = 1 et du critère RHEOL en fonction de la fraction de fibres f^f et de la longueur de fibres L^f.

Pour des fibres courtes (1 à 12mm) et des fractions $f^f > 0.007$, l'ouvrabilité et la condition de multifissuration en contrainte sont toutes les deux vérifiées.

Sur la Figure II.16 sont superposées les évolutions en fonction de L^f et f^f, des critères de multifissuration en contrainte (MFIS1=1 pointillé rouge), en énergie (MFIS2 = 1 en trait interrompu bleu) et une zone verte indiquant la validation du critère de rhéologie. Pour vérifier simultanément les deux critères de multifissuration, il faudrait élaborer des formulations situées dans la zone doublement hachurée. Un mortier renforcé par des mèches de longueur L^f = 60 mm, avec une fraction f^f = 0.004 serait par exemple pertinent mécaniquement, par contre sa rhéologie[3] serait dégradée d'un facteur 12 , ce qui conduirait à des propriétés mécaniques dispersées (Fig. II.17)

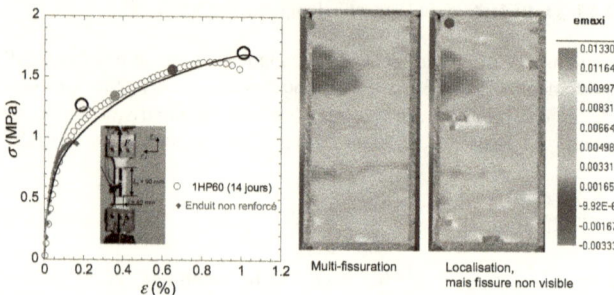

Figure II. 17. propriétés mécaniques et fissuration d'un mortier multifissurant non ouvrable,

---

[3] Augmentation de la contrainte vertiale moyenne sur un rhéometre en compression

Optimisation de l'interface

Par analyse inverse, il est possible de déterminer les propriétés de l'interface qui seraient nécessaires (τ_0) pour valider tous les critères. Pour une fraction $f^f = 0.006$ de mèches de longueur $L^f = 24$ mm, et un RHEOL3 = 2.7, le comportement multi-fissurant sera obtenu pour $\tau_0 = 2.1$ MPa (Fig II.18).

Un gain de 1 MPa sur σ_0 est ainsi apporté par rapport à la contrainte de cisaillement actuelle ($\tau_0 = 0.7$ MPa) tout en conservant la faible ouverture de la fissure $\delta_0 = 0.5$ mm. Une telle évolution des propriétés de l'interface peut être obtenue en modifiant l'ensimage ou en attaquant la surface extérieure de la mèche [Zhandarov 2008].

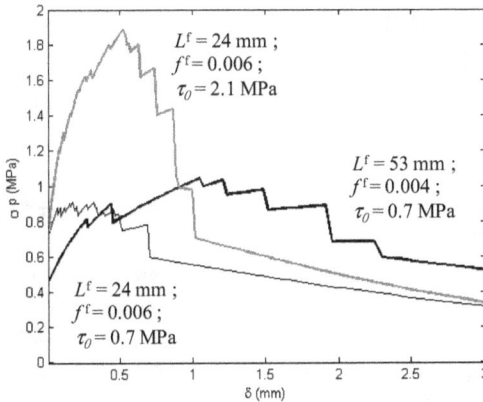

Figure II. 18.   Courbes contrainte de pontage σ^p ouverture de fissure δ, pour 3 formulations de renfort.

II.7. Conclusions

Un protocole rigoureux d'élaboration d'éprouvettes de pull-out et les moules spécifiques mis au point permettent une étude expérimentale statistique des propriétés de l'interface. L'utilisation de la corrélation d'images amène une courbe d'extraction précise, sans artefact lié à la raideur de la machine d'essai ou au rattrapage des jeux présents.

Dans cette étude, nous avons implanté numériquement sous matlab trois modèles imbriqués qui décrivent l'extraction d'une mèche enchâssée dans un composite, l'ouverture d'une fissure pontée par une fibre au sein d'un composite à matrice fragile et enfin l'ouverture d'une fissure pontée par une quantité n de fibres orientées aléatoirement au sein d'un composite à matrice fragile. Les paramètres de ce dernier modèle sont les propriétés de la fibre (E^f, σ^f_u), de la matrice (K_m, σ_a) et de l'interface fibre matrice (G_d, τ_0, β, f, f') ; la faction volumique (f^f) et la longueur de fibre (L^f) sont les variables.

Nous avons fait évoluer le modèle et les critères de multifissuration en contrainte et en énergie définis par Li, en associant un troisième critère portant sur la rhéologie du mortier à l'état frais. L'outil de formulation virtuelle ainsi obtenu permet de déterminer une carte des domaines de formulations possibles pour obtenir une multi-fissuration.

Cet outil a été appliqué avec succès pour formuler le renforcement d'un mortier organo-minéral poreux non structural par des mèches de fibres de verre.

Sans modifier les fibres de verre, la formulation optimale trouvée comprend une fraction $f^f = 0.004$ de mèches de longueur $L^f = 53$ mm dégradant ainsi la rhéologie d'un facteur 8.

En modifiant l'ensimage et le revêtement de la fibre, la contrainte de cisaillement τ_0 =2.1 MPa serait suffisante avec une fraction $f^f = 0.006$ de mèches de longueur $L^f = 24$ mm .

Le modèle développé est pertinent car associé à des essais mécaniques fins et des protocoles d'élaboration de corps d'épreuves rigoureux.

II.8.   Références chapitre II

Akkaya Y., Peled A., Shah S. P., Materials and Structures, 2000, 33, p. 515-524.

Chalencon F., et al. Propriétés mécaniques de plaques en composite cimentaire renforcé par des fibres de verre, JNC16, 2009a.

Chalencon F., et al., Rheologica acta, 2009b, 49, p. 221-235.

Chalencon F., Enduit auto-renforcé destine à l'isolation thermique par l'extérieur des bâtiments, Thèse INSA Lyon, 2010, p200.

Desai T. et al, Mechanical Properties of Concrete Reinforced with AR-Glass Fibers, 7th International Symposium on BMC, Warsaw, 2003, p. 223-232.

Douarche N., Rouby D.; Peix G., Jouin J.M., Carbon, 39 (10) 2001, p. 1455-65

Duthey R, Renforcement des platres par des fibres naturelles pour application au contreventement, stage PFE_Lafarge, 2007, 46p.

Kaflou A., Etude du comportement des intefaces et des interphases dans les composites a fibres et a matrices ceramiques, ED matériaux de Lyon, these de doctorat, Mars 2006, 180p.

Leung C.K.Y, Li V.C., J. Mech. Phys. Solids, 40, 1992, p1333-1362.

Li V.C., et al., A, J. Mechanics and Physics of Solids, 39, 1991, p. 607-625.

Li V. C., Structural Engineering/Earthquake Engineering, 10, 1993, p. 37-38.

Lin Z., et al., Concrete Science and Engineering, 1, 1999, 173-174.

Lin Z., Li V.C., J. Mech. Phys. Solids, 45, 1997, p763-787.

Lipscomb G.G., Denn M. M., Hur D. U., Boger D. V., J. Non-Newtonien Fluid Mech., 26, 1988, p. 297-325.

Mahmoud T., Maximilien S., Rouby D., Guyonnet R., Guilhot B., Study of the interfaces cement reinforced with wood, CIEC 8, 2002.

Mahmoud T., Etude de matériaux minéraux renforcés par des fibres organiques en vue de leur utilisation dans le renforcement et la réparation des ouvrages tells que les ponts, Thèse INSA Lyon, 2005, p204.

Marshall D.B., Cox B.N., 17 (1), 1988, p. 127-136

Reynaud P., Rouby D., Exploration des renforts pertinents pour des composites platres via un modèle autocohérent, Etude courte Lafarge/INSA GEMPPM, 2003. 92p,

Shaw S., Hendreson C.M.B, Komanschek B.U. geology 167, 2000, p141-159

Valette L., Rouby D., Tallaron C., Composite and science technology , 62 (4), mars 2002, p. 513-518

Yrieix method of thermal insulation by spraying a self-reinforced coating onto insulating panels of a building. Brevet WO/2008/015036 (2008).

Yang E.-H., et al., Journal of Advanced Concrete Technoloy, 6, 2008, p. 181-193.

Yang E.-H., Li V.C., Strain-Hardening fiber cement optimization and component tailoring by means of a micromechanical model, Construction, Building Material, 2009.

Wittmann F. H., et al. Materials and Structures, 21, 1988, p.21-32.

Zhandarov S., E. Mäder, Composites Science and Technology, 65, 2005, p. 149-160.

Chapitre III :

Apports des outils microstructuraux en température

Sommaire

III.Apports des outils microstructuraux en température

III.1. Motivations scientifiques

Dans ce deuxième chapitre, je présente des travaux concernant la caractérisation mécanique et microstructurale des composites ciment / latex. L'innovation en matériaux techniques pour le bâtiment a conduit sur les vingt dernières années à mettre au point des composites optimisés en taille de grains, qui se distinguent par le fait qu'ils associent des phases organiques et des phases minérales enchevêtrées pour valider des cahiers des charges complexes. Historiquement les formulations sont tout d'abord développées suivant le principe de Caquot, un squelette granulaire le plus compact possible ponté par des hydrates (i). Devant les difficultés de mise en oeuvre de ces matériaux (vibration imposée, bruit conséquent, impact sanitaire et social) des matériaux dit 'espacés'[4] sont mis au point (ii). Pas de contact entre les grains, c'est un empilement rhéologiquement acceptable qui est recherché, et obtenu via une adjuvantation fine permet de contrôler la taille des particules tout en limitant les agglomérats. Enfin la recherche d'un optimum performance/poids amène au développement des composites multi échelles, le liant est continu et renforcé par des inclusions.

Le premier intérêt scientifique est de mettre en place un protocole d'étude qui amène une mesure mécanique des propriétés du matériau associée à une visualisation des microstructures développées.

Le second développement scientifique est de caractériser un matériau composite par les propriétés de chacune de ses phases liantes, celles-ci pouvant être organiques, minérales, ou mixtes. Les caractéristiques de la porosité, qui sont recherchées au premier ordre pour la durabilité mais aussi pour les propriétés thermiques, sont quant à elles approchées par les transformations de phase de l'humidité intégrée au matériau sous forme libre, adosrbée ou liée.

Ce qui nous intéresse tout particulièrement, c'est de pouvoir sur des échantillons de petite taille impliquant peu de matériau, étudier la maturation des composites organo-minéraux formés. Etre en mesure de suivre la croissance des structures architecturées tout en mesurant leurs propriétés devrait amener peu à peu à rendre possible une formulation by-design de composites pour le bâtiment.

Prenons un exemple, le travail de thèse de F. Chalencon qui porte sur le développement d'enduits autorenforcés pour l'Isolation Thermique par l'Extérieur des bâtiments. Ce travail montre qu'un suivi en spectrométrie mécanique (DMA) sur de petits échantillons $3x3x30mm^3$ rend compte avec précision de la texturation de ce composite organo-minéral.

La DMA met en évidence, tout comme l'émission acoustique ou le suivi de déformation linéique, trois périodes de cinétique différentes (Fig III.1a.) mais nécessite dix fois moins de matière. De plus les mesures sont alors effectuées sur un support vertical, ce qui évite toute perturbation liée au tassement du squelette granulaire. Les observations couplées en ESEM avec microsonde amènent une description de la morphologie des hydrates et des phases organiques en présence au cours de chaque période. Ces phases organiques, minérales ou mixtes s'épaississent et s'enchevêtrent (Fig III.1b-d) au cours de leur maturation. Le liant semble être continu et comporter des inclusions. Une analyse par micro sonde indique le caractère majoritaire du minéral sur le pointé 1 et le caractère minoritaire du minéral sur le pointé 3. Fait surprenant, l'hydratation et la formation de fibrilles polymères dans les premières 24h ne représentent que 60% du module en torsion obtenu à 48h. Les 40% restants sont la conséquence du séchage forcé entre 24h et 36h. Ce séchage va avoir plusieurs conséquences : (i) les espaces interfolliaires des hydrates vont être réduits, ce qui augmentera la cohésion minérale du matériau, (ii) la coalescence des particules de latex dans les milieux confinés est favorisée ce qui conduit à la formation de plaques et/ou de poutres polymères renforcées par des hydrates cimentaires ou non.

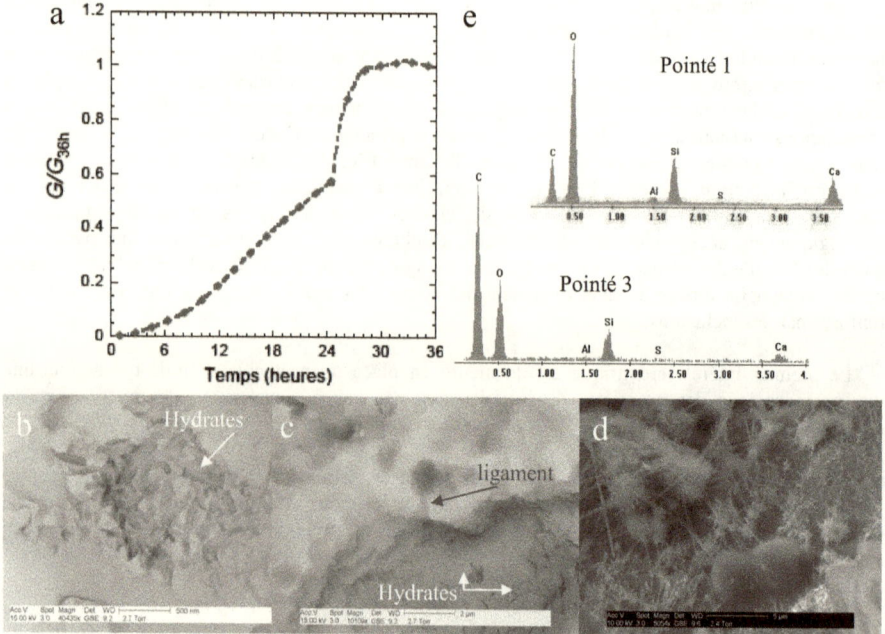

Figure III.1 : a. courbe DMA en fonction du temps sur un enduit ITE en cours d'hydratation, b-d. micrographie ESEM en mode hydratée à 6h, 15h et 36h, e. pointé EDS sur micrographie d.

Cet exemple illustre certaines des questions scientifiques qui seront développées dans ce chapitre.

III.2. Techniques expérimentales

Microscopie électronique

Le microscope environnemental électronique à balayage (ESEM) utilisé pour les essais est un FEG FEI XL 30, son cannon à émission de champ apporte la résolution recquise pour nos observations. Il est équipé soit :

1 - d'une platine haute température FEI qui permet d'atteindre 1500°C. L'écran thermique utilisé pour assurer la protection du détecteur diminue toutefois la résolution de l'appareil dans cette configuration. Les conditions d'imageries optimales en électrons secondaires sont une tension de 30kV, avec un diaphragme important, une taille de spot de 3, et une pression de 1.9 Torr dans la chambre.

2 – d'un plot Peltier en inox (Fe, Cr, Ni si analyse EDS) utilisé à 5°C pour observer les produits hydratés avec une tension de 15 kV, une taille de spot de 3, et une pression de 2,4 Torr dans la

chambre. La mise en place de l'échantillon requiert une série de purges contrôlées pour assurer le maintien de l'hydratation.

3 – d'une platine froide travaillant en transmission (développement MATEIS) qui permet d'observer des échantillons hydratés et minces avec une très bonne résolution. Nous déposons une goutte de liant sur une grille cuivre pour effectuer des observations en électrons rétrodiffusés ESEM ou en électrons transmis MET. Les conditions d'imageries optimales sont alors une tension de 30 kV, une taille de spot de 3, et une distance de travail de l'ordre de 10. ce mode est dénommé WET-STEM [Bogner 2005]

Analyse Mécanique Dynamique (pendule de torsion)

Les deux pendules de torsion utilisés sont le résultat de développements spécifiques de MATEIS (Fig. III.2), ils diffèrent de par la gamme de températures possibles pour les essais isochrones [NG: 273/473K or HT: 295/1000K], de par le domaine de raideur. Le pendule NG offre la possibilité d'enregistrer en continu la dilatation, et l'angle de rattrapage appliqué pour maintenir l'échantillon en face des cellules de mesure. Tous les éléments de description sont disponibles dans les références suivantes [Etienne 82,Munch 2006]

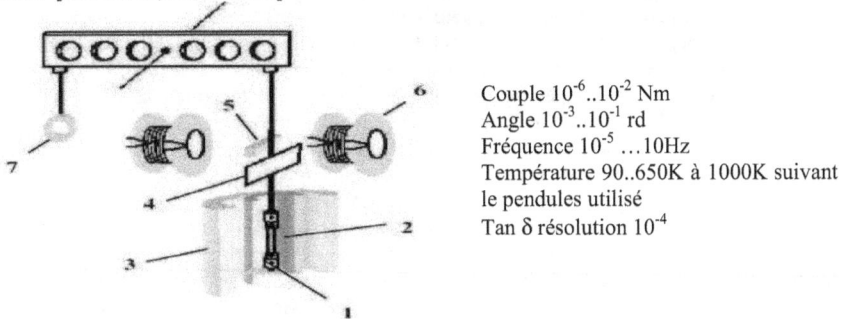

Couple $10^{-6}..10^{-2}$ Nm
Angle $10^{-3}..10^{-1}$ rd
Fréquence 10^{-5} ...10Hz
Température 90..650K à 1000K suivant le pendules utilisé
Tan δ résolution 10^{-4}

Figure III.2 : Schéma de principe d'un appareil de DMA 1. partie fixe 2. échantillon, 3. cryostat, 4. réflecteur, 5. aimant, 6. bobines, 7. contrepoids [Munch 2006],

Diffraction des rayons X :

Nous avons aussi effectué des essais sur un diffractomètre de rayons X Brucker D8 Avance system du type θ-θ, utilisant la raie Kα du cuivre (λ= 0.15406 nm). L'appareil est utilisé sous une tension de 40 kV et une intensité de 40 mA. L'angle 2θ varie de 20° à 60°, avec un pas de 0.1°/min. Le diffractomètre est également équipé d'une chambre Anton Paar HTK1200 permettant des mesures de l'ambiante à 1470K, ou d'une chambre [173-673K]

III.3. Eléments de bibliographie

Pelletier et ces co-auteurs [2006] ont montré que pour tout matériau amorphe, la transition d'un état vitreux à un état caoutchoutique est précisément caractérisée par la spectroscopie mécanique : la courbe de G' chute brutalement de plusieurs décades, et le déphasage exprimé en terme de tan δ passe par un pic fin nettement supérieur à 1 en intensité. Cet angle représente l'aptitude à s'atténuer pour une vibration d'amplitude donnée ; tan δ (classiquement appelé facteur de perte) représente l'aptitude à amortir et dissiper de l'énergie. Ioanescu [2006] pour des composites renforcés par des nanotubes de carbone démontre l'intérêt de la spectroscopie mécanique. Touaiti [2010] pour des fractions volumiques de carbonate de calcium importantes, détermine une diminution de la pente de G' sur le domaine de la transition vitreuse, et associe ce phénomène à la présence du polymère dans des espaces inter granulaires confinés. Le squelette granulaire presque percolant formé par les particules de filler modifie la mobilité du polymère. Dans le domaine des matériaux organiques, la spectroscopie mécanique couplée à l'analyse microstructurale des composites par microscopie (MEB, ESEM) a apporté une aide certaine à la formulation virtuelle de nano et de micro renforts pour les composites polymères. [Brechet 2001, Gauthier 2004]. Dans le domaine des matériaux minéraux, Radjy [1972] et Sellevold [1972] ont pour leur part effectué les toutes premières études sur la formulation de matériaux cimentaires et l'hydratation du ciment par spectroscopie mécanique. Leurs travaux effectués lors de montées linéaires en température, ont déterminé que la transition à 90K, très faible en amplitude (tan δ = 2E-3) était thermiquement activée et associée à la relaxation de la liaison Si-O due à l'eau adsorbée en surface des tétraèdres Silicates. Là ou les transitions proches de 230K étaient par contre dues à la transformation glace / eau de l'eau piégée dans les espaces inter feuillets des CSH. La transition proche de 373K était irréversible et associée à la transformation de l'eau adsorbée sur les CSH en vapeur d'eau, réaction communément appelée déshydroxilation.

Plusieurs travaux ont porté sur les composites mixtes organiques / minéraux :
Whiting and Kline [1975] en travaillant sur des pâtes cimentaires imprégnées par des suspensions de polymères (PIC) ont prouvé que la fraction volumique du polymère, son environnement dans le matériau poreux, et sa durabilité en atmosphère humide pouvaient être étudiés par un essai de DMA isochrone en torsion. Morlat et ses co-auteurs [1999] ont étudié le cas particulier d'un latex styrène butadiène (SB). Leur travaux indiquent que dans le cas de composites ciment / SB commerciaux, une analyse DMA en flexion permet de manière rapide d'effectuer un contrôle qualité et de remonter aisément à la fraction volumique de latex SB dans la formulation. En effet celle-ci sera proportionnelle à la perte de module et au pic de frottement intérieur au droit de la transition vitreuse de SB. Dès 2005, Rosenbaum et ses co-auteurs revisitent le modèle d'hydratation de Powers, et valident un modèle d'interaction ciment/ latex SB [Rosenbaum 2005].

Chu and Robertson [1994] s'appuient sur des essais de frottement intérieur pour proposer un modèle apte à décrire le vieillissement des composites sans défaut et expliquer leur vieillissement anticipé en présence d'humidité. Plus récemment, Foray et ses collègues [2006] ont mis en place un protocole rigoureux de préparation d'échantillons et d'analyse DMA isochrone pour étudier les composites cimentaires et les hydrates formés ainsi que leur dégradation en température. Ce protocole permet de détecter des évènements de faibles amplitudes en tangente delta, avec des échantillons composites présentant une raideur de plusieurs GPa à l'ambiante. La figure III.2a présente une micrographie d'hydrates, en surface d'un grain en cours d'hydratation à une échéance de 4h.

Les réactions d'hydratation donnent lieu à la formation de CSH et de portlandite (Eq 1). Regourd [1982] a proposé un modèle simplifié avec un rapport C/S=1.5, qui homogénéise la stœchiométrie complexe des CSH, Sauzeat [1998] a détaillé pour les bétons hautes performances à faible rapport eau/ciment les pertes de masse mesurées et les températures de déshydroxilation des CSH et de la portlandite en fonction des modes d'élaboration.

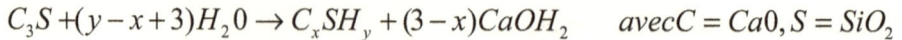

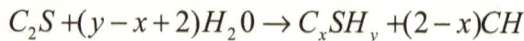

$$C_3S + (y - x + 3)H_2 0 \rightarrow C_x SH_y + (3 - x)CaOH_2 \quad avec C = Ca0, S = SiO_2$$

$$C_2S + (y - x + 2)H_2 0 \rightarrow C_x SH_y + (2 - x)CH$$

Les silicates de calcium hydratés (CSH) sont les hydrates les plus représentés (50 à 75%). Ils sont composés par un empilement lamellaire torsadé de feuillets, peu ou pas cristallins, sommairement décrits par le schéma de la Figure III.3b. Ces composés sont amorphes et non stœchiométriques et peuvent être substitués (Al, etc.). Leur squelette structural est formé de calcium et d'oxygène et comporte des plans parallèles espacés de quelques nanomètres, sur lesquels des tétraèdres de silicates en groupe de 2 à 4 modules viennent s'implanter. L'eau associée à ces amorphes hydratés se situe soit piégée dans l'espace inter feuillet, et est alors symbolisée par un I, soit adsorbée en surface des silicates avec une énergie de liaison faible et symbolisés par un A.

La Figure III.3c indique les températures caractéristiques des transitions relatives au CSH mesurées par DMA en torsion. L'optimisation de l'électronique de mesure permet de mesurer des phénomènes de très faible amplitude (2 à 4 E^{-3} en tan δ et 10% de perte sur les valeurs de module) et ouvre par conséquent des possibilités de mesure pour caractériser des modifications induites par des polymères. Les hydrates de ces composites sont caractérisés par une transition à 110°C (383K), associée à une chute modérée de module de 1,25 GPa. L'ordre de grandeur des espaces interfeuillets centrés sur 243K est la dizaine de nanomètres. L'équation de Gibbs donne comme correspondance 231K pour de l'eau située dans des pores de 1.6nm et 273K pour de l'eau située dans des pores de 1mm.

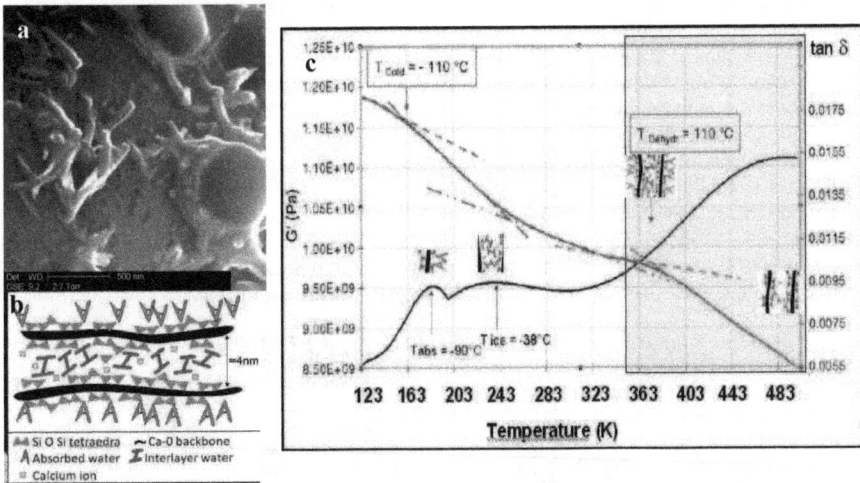

Figure III.3 : Silicate de Calcium Hydraté: a, micrographie ESEM,   b: schéma indicatif de la structure; c: Composite cimentaire dense hydraté, essai DMA en température, oscillation forcée en torsion sur pendule NG, angle imposé 4×10^{-3} rd, 1Hz, 1K/min, dimension $5 \times 3 \times 50mm^3$, préparation par érosion d'un barreau $10 \times 10 \times 100m\,m^3$ [Foray 2006]

Un procédé de microscopie électronique à balayage en mode hydraté a tout d'abord été développé au laboratoire MATEIS pour observer des éthers de cellulose sans préparation spécifique (séchage, et ajout de couche conductrice) [Bertrand 2004], mais aussi des suspensions de latex [Bogner 2005], et des composites incluant des charges micro et nano-métriques [Jornsanoh 2011]. Tout récemment, les possibilités de suivi in situ de la densification de céramiques par une hausse de température ont été explorées [Joly-Pottuz 2011].

Ces avancées en microscopie permettent d'entreprendre une étude couplée DMA/ESEM sur les matériaux hautes performances pour mieux comprendre les cinétiques de fissuration et les interactions ciment/latex. Les verrous scientifiques portent notamment sur la phase polymère et les modifications induites par la présence d'une phase solide concentrée, et sur la texture de la co-matrice hydrate polymère.

III.4. d'un matériau complexe :

Les matériaux hautes performances sont souvent modélisés par un modèle à 4 phases : le squelette, le liant, la porosité et les renforts. En dépendent par exemple, les composites pour isolation thermique par l'extérieur (ITE) qui sont des systèmes complexes de plus de 10 composants (latex redisersible, ciment, filler, carbonate de calcium, plastifiants, fibres). Particularité rare pour des matériaux hautes performances ce sont des matériaux massivement distribués, élaborés sur site. Dans la formulation de ces composites (Fig III.4), chaque phase est distribuée en taille (nm – mm), est constituée de grains de morphologies variées (fibrilles, plaquettes, polyèdres, sphères), est de nature spécifique (minérale, organique ou mixte) et est susceptible d'évoluer dans le temps (formation d'agglomérats, réactions d'hydratation, de carbonatation, filmification). De plus lorsqu'un latex nanométrique est présent à plus de 3 à 5% (fraction massique p/r au ciment), ce latex filmifie et percole formant ainsi une co-matrice avec les hydrates cimentaires au sein du matériau [Plank 2008]. Du point de vue du composite polymère, le liant minéral peut dont être considéré comme un filler nanométrique (CSH) et micronique (particules de ciments non hydratées), et du point de vue du composite minéral, les fibrilles de polymère et les particules de latex non filmifiées peuvent être également vues comme des fillers de module faible.

Dans cette étude, le matériau utilisé est un mortier ITE (Maité monocomposant, Lafarge). Son élaboration à l'échelle du laboratoire est réalisée en mélangeant le prémix granulaire commercial avec 17% en masse d'eau pendant 2 mn, puis en laissant reposer ce composite pendant 20 mn. A cette échéance la densité et la consistance du mortier sont mesurées, puis les éprouvettes haltères de dimensions 300*100*6 mm^3 sont élaborées par coulage gravitaire. Les éprouvettes sont conservées 1j en ambiance contrôlée 20°C 95H, démoulées et pesées puis stockées 13j à 20°C.

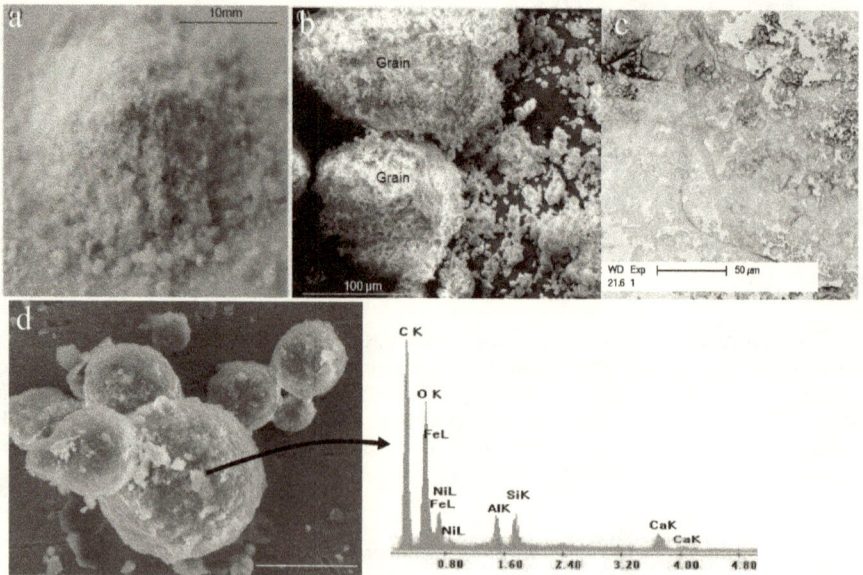

Figure III.4 : Micrographies du composite granulaire anhydre : a. granulométrie multiéchelles M.O., b. particules < 350μm MEB, c. particules < 80μm MEB, d. particules < 80μm ESEM et Analyse EDS .

h

Ce composite mince habituellement mis en place par projection sur des murs extérieurs, est formulé pour des températures de service entre 263 et 343K. Sa composition est optimisée pour que son module d'Young soit proche de celui du substrat de pose, pour que sa contrainte à la rupture en traction soit élevée et pour éviter l'ouverture de fissures visibles sur le parement (esthétique et durabilité). Ces composites sont soumis à des avis techniques [ATEC], et doivent supporter toute une série de tests normatifs. Le test le plus critique lors de la délivrance de l'avis technique, et le plus couteux en temps et en refus, est le test de non fissuration sous des cycles pluie battante /séchage à 60°C. Un des leviers de formulation pour le valider s'appuie sur l'association de plusieurs latex dont les températures de transition vitreuses sont comprises dans les domaines de température de service [263 < T_{g1} < T_{g2} < 343K]. Ceci amène une atténuation importante dans le domaine de température ciblée par la déformation de la phase polymère [Chalencon 2010].

III.5. Résultats sur un matériau complexe

Les essais de traction sur éprouvettes haltères indiquent une rupture ductile pour des températures en dessous de l'ambiante et une rupture fragile pour 333K (Fig. III.5a). Le suivi de fissuration par stéréo corrélation d'image sur des éprouvettes CT confirme bien la présence de multiples microfissures sur un champ de 20mm*20mm en fond de fissure lors d'essai (Chalencon 2009a). L'analyse de la courbe DMA met en évidence une décade de perte sur les valeurs de G' et deux pics de tan δ importants. Ces événements sont réversibles. Ceci montre la présence de deux polymères fortement représentés en fraction volumique (Fig III.5b), et structurés en forme de fibrilles et de nid d'abeille (Fig III.5c).

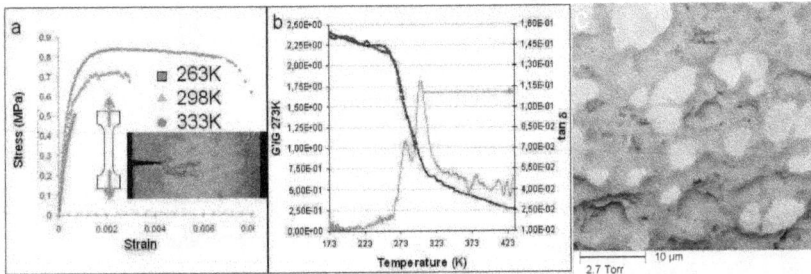

Figure III.5 : a. composite ITE, essai de traction en température sur éprouvettes 300*100*6 mm³, 0.5mm/min, b, essai DMA en température, oscillation forcée en torsion sur pendule NG, angle imposé 4x10⁻³ rd, 1Hz, 1K/min, dimension 5x3x50mm³, pas de préparation. c, micrographie ESEM

Une observation WET-STEM (en transmission dans l'ESEM en mode hydraté, échantillon posé sur une grille) montre que l'un des latex est de taille micronique, et est associé à un contraste clair qui pourrait être le système de stabilisation (Faucheu 2009). Ce latex s'organise en anneaux chainés, délimitant ainsi des ligaments polymère (Fig III.6a). Le second latex a une taille de particules de 200nm et s'assemble en agglomérats, ou filmifie après ovalisation des particules (Fig III.6b). Les hydrates cimentaires sont également présents sur la vue d'ensemble III.6e et sur le détail III.6f.

Lorsque la température augmente entre 0 et 60°C, des modifications sont observées sur les images en électrons secondaires des ligaments polymère. Les ligaments (ou poutres polymères) se rétractent, leurs limites deviennent concaves (tracé rose) avec un rayon de courbure de quelques mμ (Fig III.7a), l'ensemble de la structure filmifiée absorbe ainsi la dilatation du squelette granulaire et des hydrates. Les micrographies réalisées sur les CSHs ne mettent en évidence aucune modification de morphologie jusqu'à 60°C, température limite pour la platine peltier utilisée, et la résolution nanométrique en température de l'ESEM.

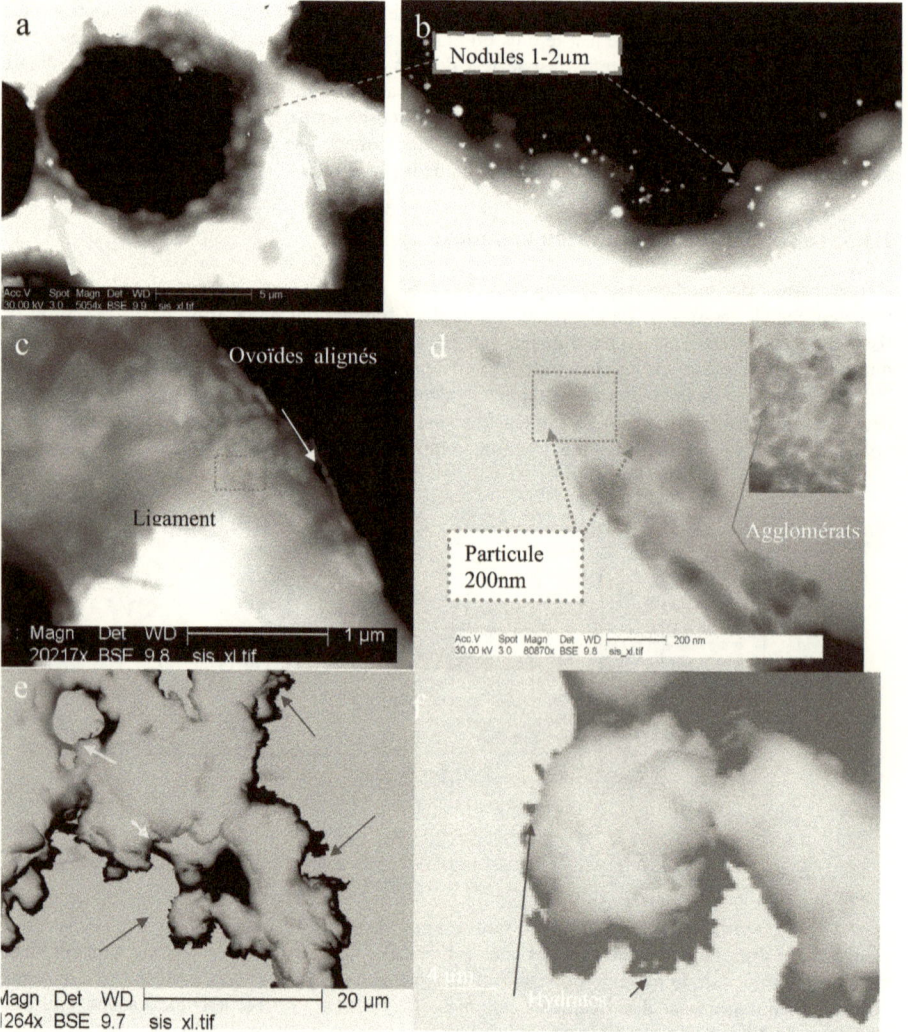

Figure III.6 : **micrographie ESEM WET STEM des phases liantes,** a-b. Latex de taille micronique, c-d. Latex de taille nanométrique, e. vue d'ensemble, f. ciment et hydrates,

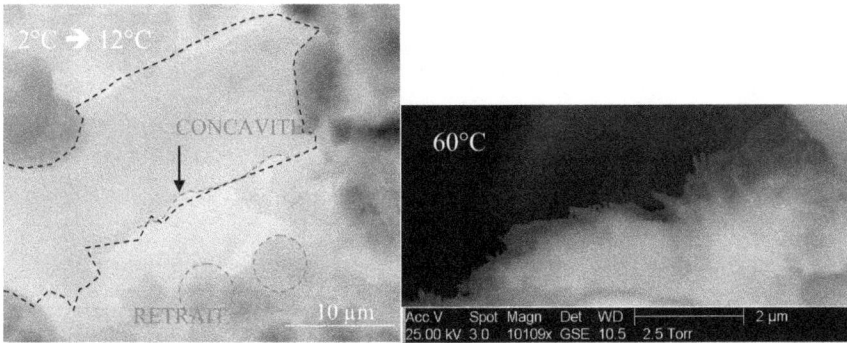

Figure III.7 : micrographies ESEM Peltier des liants entre 0°C et 60°C : a. fibrille latex b. CSH

III.6. Etude de matériaux 'modèle'

Pour être en mesure de mettre au point des composites ITE durables, peu couteux et performants, il est nécessaire de comprendre : (i), comment les propriétés du polymère filmifié sont modifiées par la présence du ciment anhydre et des hydrates (ii), comment les propriétés des hydrates évoluent en présence du polymère et des tensios actifs associés. Ainsi, un matériau modèle est élaboré et étudié. En effet, certains microfillers sont proches du ciment de par leur diamètre [Fig III.8.], leur surface spécifique, et leur minéralogie [Dhaini 2011]. De plus ces matériaux ne forment pas d'hydrates en présence d'eau, un composite polymère/carbonate de calcium pourrait donc 'mimer' l'effet du ciment anydre sur le polymère (Fig.III.9c). Quatre formulations sont élaborées, étudiées et comparées. Leur composition est donnée dans le tableau I. Les matières premières utilisées sont un carbonate de calcium (OMYA, Betocarb P2 orgon), un ciment blanc (Lafarge, CEM I 52.5R Le teil), un latex styrene butyl acrylate SBA de 210 nm (Basf model dispersion), stabilisé par 3%m de PMMA, et de l'eau déminéralisée.

Figure III.8 : Micrographies MEB-Supra a, CEMI 52.5 R et b, Filler calcaire OMYA Orgon

Le latex, les matériaux granulaires (ciment ou carbonate de calcium) et l'eau sont mélangés à la spatule pendant 2 mn. Toutes les formulations sont corrigées avec un superplastifiant pour obtenir une iso-consistance fluide afin de limiter la présence d'air occlus. Des plaques sont élaborées par coulage gravitaire dans des moules de téflon 3x50x70 mm^3. Après 1j de cure à 60°C et 98% RH, et 7 jours à 20°C, les échantillons sont démoulés et pesés, et leur planéité est contrôlée. Des échantillons de 3x3x50 mm^3 sont découpés pour les essais de DMA en torsion à oscillation forcée. Les valeurs de couple imposées sont adaptées aux matériaux (composite:5.10^{-4} Nm – polymère1E^{-4} Nm), la fréquence est de 1 Hz, et la rampe de température retenue est de 1K/min sur NG et 3K/min sur HT.

Tableau I : description des formulations étudiées, et des réactions mises en jeu pour former un composite

	Film polymère	Film polymère + Micro filler	Film polymère Ciment	Ciment
Pate consistance liquide → eprouvette solide	Filmification	Filmification	Filmification + Hydratation	Hydratation
$f_{v\ latex}$	1	0.4	0.22	
SBA (ms g)	7,50	7,50	3.00	
Ciment (g)			30.00	30.00
Micro filler (g)		7,50		
Eau déminéralisée (g)	7,20	7,20	8.03	5.50

III.7. Résultats sur matériau modèle

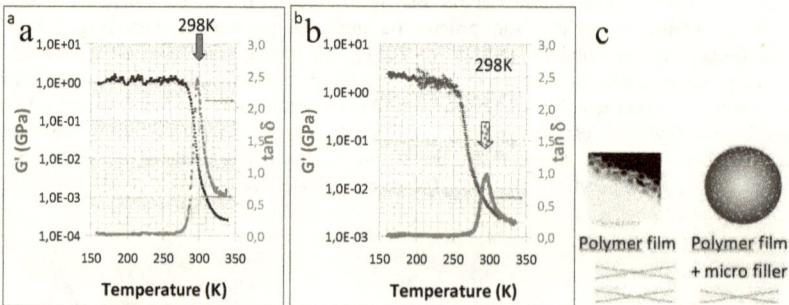

Figure III.9 : essai DMA en température, oscillations forcées en torsion sur pendule NG,1Hz, 1K/min, 5x3x30mm^3, pas de préparation, a: SBA filmifié couple 1E^{-4}Nm, b: SBA + micro-filler couple 5E^{-4} Nm, c: vue shématique des tailles de particules respectives (filler 10µm, SBA 200nm)

La température de transition vitreuse du SBA n'est pas modifiée ni en température ni en amplitude en présence du micro-filler (298K, 3 décades, Fig. III.9.). La valeur de plateau à froid augmente de 1GPa pour une fraction volumique de latex de 0,4. Des résultats identiques sont obtenus pour le composite latex/ciment, toutefois la diminution de G' est minime (20%). Ceci s'explique par la présence de la co-matrice ciment hydratée qui conserve sa texture malgré l'écroulement du polymère. Le ciment hydraté ou non n'induit pas de modification mesurable sur la transition vitreuse du SBA.

La transition caractéristique de la déshydroxylation des hydrates est par contre décalée vers les températures plus élevées. Cette tendance s'accentue lorsque la fraction volumique de latex augmente (Fig. III.10). De plus la pente de G' est nettement accentuée. Les hydrates semblent fortement modifiés par la présence de SBA, soit (i) parce que l'énergie nécessaire pour désorber l'eau des CSH est plus importante, soit (ii) parce que le polymère apporte une organisation à l'échelle locale, soit (iii) parce que la stochiométrie et/ ou la quantité de CSH est modifiée. Les analyses d'ATG-ATD vont en ce sens (iii), les températures de début de perte de masse sont identiques pour toutes les compositions, mais leur amplitude est diminuée en présence de latex.

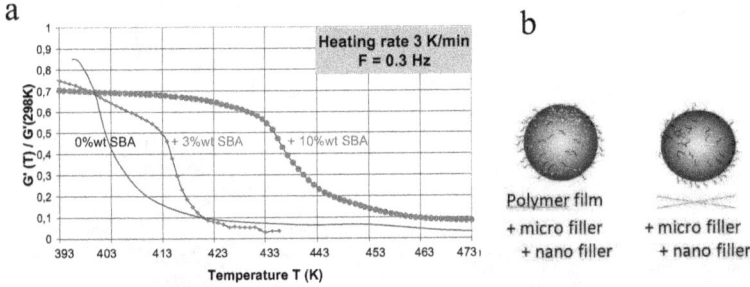

Figure III.10: a. Courbes de G' normalisée pour des quantités de latex croissantes, Essai DMA en température, oscillations forcées en torsion, pendule HT, angle imposé 4×10^{-3} rd, 0.3Hz, 3K/mn, échantillons 5x3x50mm^3 , surfaces polies au papier de verre. b. vue schématique des tailles de particules (ciment anhydre 10µm, SBA 200nm, hydratées qq nm)

Lorsque la température augmente, les surfaces de ciment hydratées observées dans l'ESEM se fissurent, les amorces se propagent, et atteignent des longueurs de 5 µm et des ouvertures de 200nm. Les fissures se localisent sur les interfaces granulaires (Fig III.11,a-c),.

Pour l'échantillon composite ciment/polymère, les parties polymères semblent se déformer lentement, s'écouler sur l'ensemble du champ observé. Les bords des fibrilles et poutres polymères visualisés deviennent plus flous (Fig III.11,b-d), pour une température égale à 473K aucune amorce de fissure n'est observée en surface. La déshydroxylation des CSH produit un dégagement d'eau vapeur. Le front de vapeur se déplace dans la porosité et induit des contraintes de traction sur l'ensemble du composite (liant minéral, liant polymère, inclusions). La forte mobilité du polymère SBA pour ces températures de [273,473K] lui permet de se déformer sans induire de fissuration intergranulaire.

Pour étudier l'hypothèse (ii), nous nous appuyons sur des essais de diffraction en température. La formation des CSH étant simultanée avec la formation de la portlandite, nous vérifierons si son organisation est modifiée à l'échelle locale. La portlandite est un hydrate cristallin hexagonal qui est stable en température jusqu'à 523K. Les produits de déshydroxylation des CSH et de la portlandite sont identifiés à partir d'études sur des matériaux tels la xonolithe et la wollastonite ou sur des pates hydratées [Shaw 2000, Strepkowska 2005].

Les diffractogrammes indiquent une orientation préférentielle de la portlandite non systématique en présence de latex suivant la direction [100] , et des pics hydrates moins représentés (Fig. III.12a). Le MEB confirme (image non présentée) que les feuilles de portlandite forment des millefeuilles orientés, l'écartement interfeuillet est imposé par des piliers polymères de hauteur 200nm. Le suivi en température confirme une diminution brusque de tous les pics associés à la portlandite ([001], [100] et [101]) à 670K, avec simultanément la détection des produits de dégradation (Fig. III.12 b). Toutefois en présence de SBA les cinétiques sont modifiées et de forme convexe pour la gamme de température [470K, 670K] (Fig III.12c). Les produits de dégradation persistent plus longtemps en présence de latex ce qui va dans le sens d'une (i) énergie nécessaire plus importante et (iii) d'une stochiométrie modifiée.

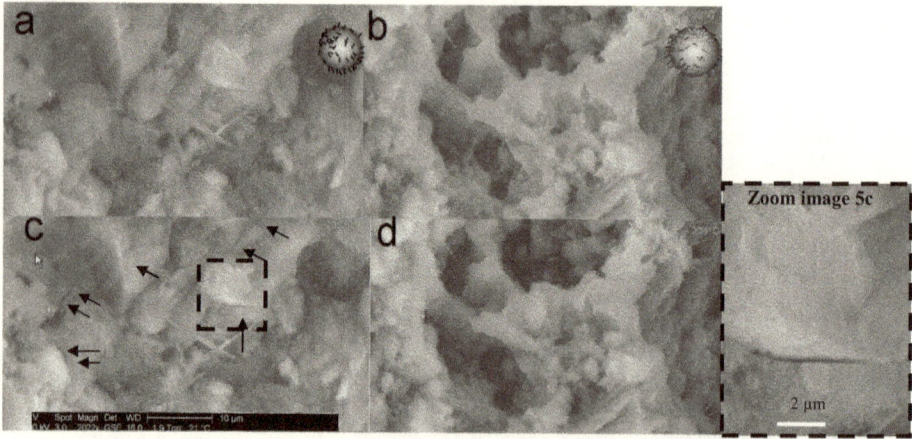

Figure III.11 : Micrographies ESEM en température, a: ciment hydraté 371K, b: 10% m SBA+ ciment hydraté 373K, c: ciment hydraté 473K, d: 10% wt SBA+ ciment hydraté 473K,

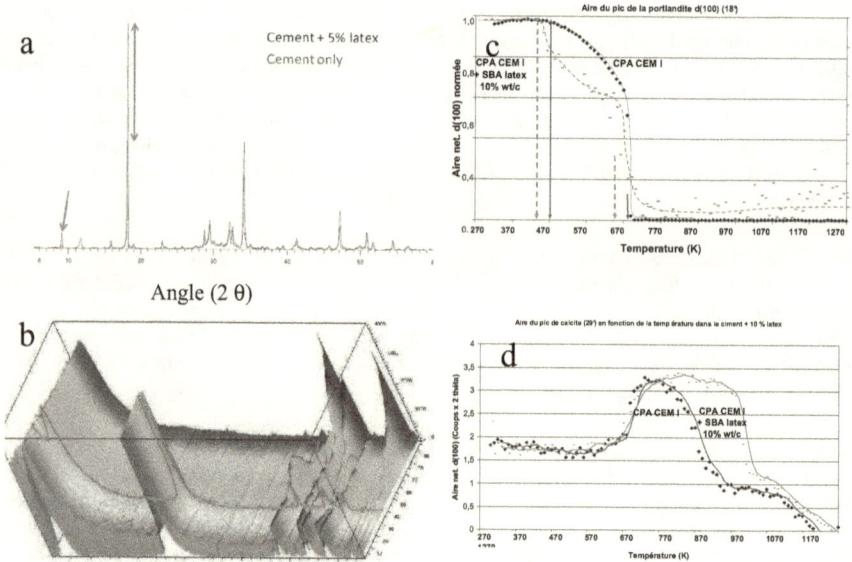

Figure III.12 : a. diffractogramme X des composites avec et sans latex, b. diffractogramme en température du composite ciment hydraté o% SBA, c. surface du pic d100 de la portlandite en température, surface du pic d101 de la calcite en température

III.8. Conclusions

La spectrométrie mécanique en température a été couplée à des observations de surface en ESEM en température et à de la diffraction des rayons X en température pour étudier les interactions ciment/latex.

Un carbonate de calcium, similaire en taille et en surface spécifique au ciment blanc étudié est utilisé comme matériau modèle pour évaluer les interactions entre le latex et les particules de ciment anhydre.

Le latex étudié est un Styrène Butyl Acrylate, qui a une taille de particule de 210nm. Il filmifie à température ambiante et est caractérisé seul ou sous la forme de composites. Les tendances suivantes ressortent des expérimentations conduites :

La température de transition vitreuse du SBA n'évolue pas et reste égale à 298K, quel que soit le filler qui lui est associé pour former un composite. Le ciment sous forme de particules anhydres ou sous forme de matériau hydraté n'induit pas de modification suffisante de l'environnement du polymère pour induire une évolution de la transition vitreuse (Fig III.13a).

La hauteur du pic de tangente δ relative au SBA est directement proportionnelle à la fraction volumique de latex présente dans le composite.

La température de début de dégradation des hydrates augmente fortement en présence de SBA, la stabilité des hydrates en température est donc améliorée, l'ESEM indique leur texture (Fig 13b).

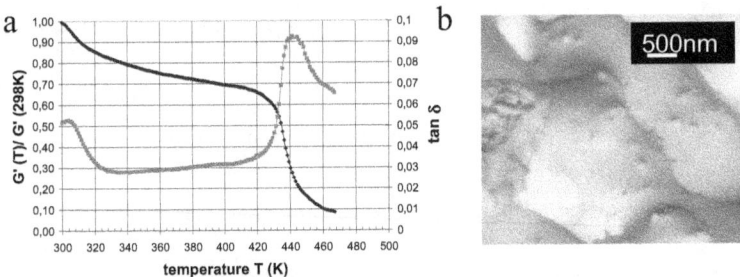

Figure III.13 : Composite ciment et 10% SBA latex, a. essai DMA G' normé et tan δ, mesures en oscillations forcées par le pendule HT, angle imposé 4x10-3 rd, 0.3Hz, 3K/min, échantillon 5x3x50mm3 , surfaces polies ; b. micrographies ESEM des hydrates enchevêtrés ou dispersés en surface du film polymère SBA.

Les observations couplées ESEM/DMA démontrent un comportement en température du matériau très spécifique pour chaque composite :

Pour le composite cimentaire sans SBA, la forte chute de module observée est corrélée dés 373K à l'ouverture, puis la propagation de multiples micro-fissures parallèles de quelques microns de longueur, pour 200nm d'ouverture. La déshydratation produit un front de vapeur d'eau qui s'échappe du matériau, et s'oppose au squelette minéral rigide. Le point faible en traction du matériau, les interfaces granulaires localise la fissuration.

Pour le composite cimentaire à 10% en masse de SBA, la chute de module est associée à un glissement d'ensemble des fibrilles et tendons polymères, les inclusions suivent le mouvement de la phase liante sans causer d'ouverture de fissure. La déshydratation produit bien un front de vapeur d'eau qui s'échappe du matériau, mais celui-ci rencontre un composite dont l'un des composants (le polymère) est fortement déformable et donc apte à absorber et supporter des déformations sans causer de fissuration.

III.9. Références chapitre III

Bertrand L., thèse Thèse de l'école doctorale matériaux INSA lyon 2004,

Bogner A, Thollet G., Basset D., Jouneau P.-H., et al. Ultramicroscopy, 104, 2005, 290-301

Brechet Y., Cavaille J.Y., et al. , Advanced Engineering Materials 3 (8), 2001, 571-77.

Chalencon F., Thèse de l'école doctorale matériaux, INSA Lyon, juin 2010, 121p.

Chu T., Robertson R.E., ACBM, 1 (3) mars 94 122-30.

Dhaini F., Pourchet S., Nonat A, , CEReM AG 2011, 5p.

ETAG Guideline for european approval of Exterior Thermal Insulation Composite System 2000 87p

Etienne S., Cavaille JY, Perez J.., et al Review of scientific instruments, (53) 1982, 1261-1266.

Faucheu J., Chazeau L., Gauthier C., Cavaille J.Y. et al. Langmuir 25 (17), 2009 10251-10258

Foray G., Vigier G., Vassoile R., Orange G., Mater carac. 56 (4), 2006, 129-37.

Gauthier C., Reynaud E., et al. Polymer 45, 2004, 2761-69.

Ionascu C, Schaller R, Matérials Science and Engineering : A, 442, 2006, 175-78

Jolly-pottuz L., Bogner A., Lasalle A., Malchere A., et al, journal of microsopy 244, 2011, 96-100.

Jornsanoh P., Thollet G., Ferreira J., et al. Ultramicroscopy, 111(8), 2011, 1247-54.

Morlat R., Godard P., Bomal, Y. Orange G., Cem Concr Res 29 (6), 1999, 847-53.

Munch E..Thèse de l'école doctorale matériaux. Lyon: INSA de Lyon, 2006, p.187

Pelletier J.M., et al., International Journal of Materials and Product Technology, 26 (3-4), 2006.

Plank J. et al, Colloids and surface 1 : Physicochemical and Enfineering Aspects 330, 2008, 227-233

Radjy F., Sellevold E.J., Richards C.W., Cem Concr Res 2 , 1972, 697-715.

Regourd M, L'hydratation du ciment portland « le beton hydraulique », Paris, Presse de l'ENPC, 193-221

Rozenbaum O., Pellenq R. J.-M, Van Damme H.. / Materials and Structures 38, 2005, 467-478

Sauzeat E., thèse INPL, nov. 98, 286p.

Stepkowska, E.T., Blanes J.M., Justo A., Aviles M.A. Journal of Thermal Analysis and Calorimetry 80, 2005,193-199

Sellevold E.J., Radjy F., JACS 59 (5-6) (1972) 256-8.

Shaw S., Hendreson C.M.B, Komanschek B.U. geology 167, 2000, p141-159

Touaiti, F. et al. Materials Science and Engineering A, 527, 2010, 2363-2369

Whiting D.,. Blankenhorn P.R, et al., Polymer engineering and science 15 (2), 1975, 65-69.

Chapitre IV

Fibres, caractérisation mécanique et microstructurale des défauts

Sommaire

IV. Fibres, caractérisation mécanique et microstructurale des défauts

IV.1. Motivations scientifiques

Après avoir donné des éléments de formulation dans la première partie de ce mémoire, des éléments de compréhension sur la phase liante dans la seconde partie, cette troisième partie s'interesse aux fibres utiliées. Le fil rouge du mémoire, une complexité croissante du matériau se déroule et amène à des travaux concernant la caractérisation mécanique et microstructurale des fibres. En effet, les fibres sont employées comme éléments de renfort dans les matériaux du bâtiment et du génie-civil. Ces renforts visent à limiter l'ouverture des défauts pré-existants lors de la maturation du matériau mais aussi à limiter l'apparition de fissurations macroscopiques lors de la construction de la structure puis de son chargement en service. Malgré une littérature abondante sur la caractérisation des monofilaments, leur chimie de surface, leur durabilité en milieu aqueux modèle, leurs propriétés mécaniques, leur comportement est loin d'être trivial.

Le premier intérêt scientifique est de mettre en place un protocole d'étude statistique des propriétés mécaniques de la fibre sur des longueurs représentatives à l'opposé des essais sur monofilaments courts qui tendent à surestimer les propriétés mesurées. Les fibres possèdent des textures de surfaces formulées, des distributions de défauts internes, et des morphologies qui varient très fortement sur la longueur. Lla représentation modèle classique sous la forme d'un cylindre plein homogène est donc bien loin de caractériser toutes les fibres.

Le second développement scientifique est de caractériser la surface de ces renforts aussi bien en terme de défauts, préjudiciables pour la mécanique, mais aussi d'ancrages, éléments présents en surface du renfort qui amènent une texture particulière à l'interface fibre / matrice et augmentent la surface développée des interfaces.

Ce qui nous intéresse tout particulièrement, c'est ensuite d'utiliser ces données pour remonter à une distribution en taille de défauts.

En principe en connaissant les propriétés à la rupture des fibres, des modèles composites classiques de pontage de fissures par des fibres devraient permettre de prévoir le comportement des composites cimentaires fibrés. La formulation by-design de composites devrait donc être possible pour l'ensemble des applications telles que les mortiers techniques.

Prenons un exemple. La Figure IV.I. présente les résultats expérimentaux d'une thèse (F. Chalencon 2010) et montre que dans le cas des enduits d'isolation extérieur, les résultats ne sont pas cohérents en termes de charge et de contrainte à la rupture mesurées sur éprouvette haltère. Ces résultats sont confirmés par d'autres études sur béton (Desai 2003)

Les composites étudiés sont des milieux poreux fortement enchevêtrés. La logique voudrait que lorsque l'on augmente la longueur de la fibre, et donc son élancement, la contrainte à la rupture du composite augmente (IV.1. gauche) ainsi que sa déformation à rupture (IV.1. droite).

Ce comportement est observé sur la fibre HP (symbole carré sur fir IV.1), mais pas sur la HD (symbole cercle plein sur fig IV.1), pourquoi deux renforts composés par la même nature de verre A.R. se comportent il différemment ?

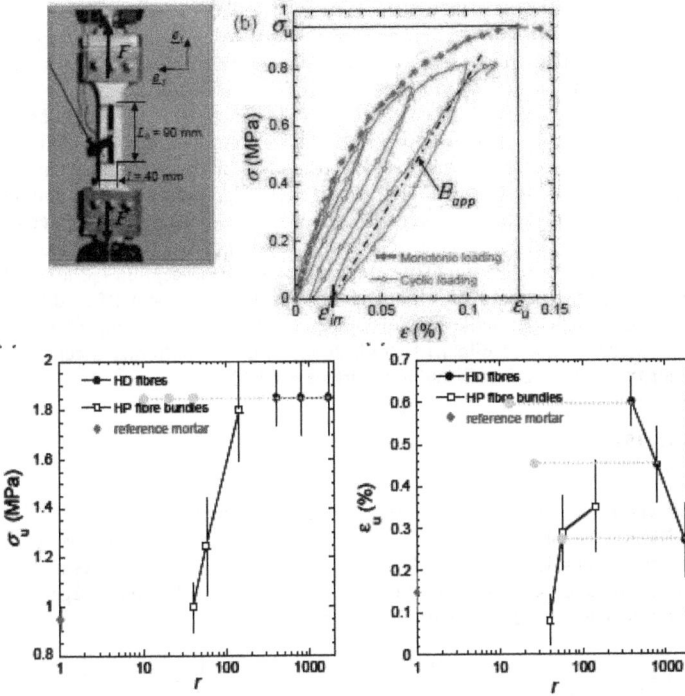

Figure IV. 1 Traction sous charge croissante de composites fibrés (a, b), charge et déformation ultime en fonction du type de fibre utilisé (c, d)

Plusieurs points peuvent expliquer ce phénomène, tout d'abord une modification de la microstructure du composite lors de l'élaboration avec fibre longue, mais aussi une méconnaissance des propriétés à rupture du renfort utilisé, et enfin une dégradation des propriétés du renfort par abrasion lors du malaxage du mortier.

Cet exemple illustre certaines des questions scientifiques qui seront développées dans ce chapitre. Premièrement, la méconnaissance des propriétés mécaniques des renforts utilisés dans le domaine des composites cimentaires. Ensuite, la nécessité de disposer d'un dispositif expérimental apte à caractériser de manière statistique le comportement des fibres en termes de déformation.

La littérature scientifique propose des articles de revue sur les propriétés des composites, des matrices utilisées [Torrenti 2010]] et des renforts associés. En ce qui concerne la partie fibre, les données mécaniques font référence à des articles [Houget 95, Ikai 2010] qui s'attachent rarement à une caractérisation mécanique statistique en termes de déformation. La norme européenne a récemment évolué en ce sens et proposé de mesurer les propriétés à la rupture sur fil, échantillon statistiquement plus représentatif qu'un monofilament sans toutefois recommander d'analyse microstructurale des faciès [EN1007-05]. La topographie de surface des fibres et la taille des défauts initiant la rupture sont peu détaillés essentiellement par manque de temps et d'outils adéquats. Pourtant ces éléments sont déterminants pour l'adhésion fibre matrice, la propagation de la fissuration, et in fine la durabilité en service du composite. Certains résultats de caractérisation de surfaces obtenues par Microscopie à Force Atomique 'AFM' semblent indiquer que cette technique pourrait apporter des informations topographiques [Deville 2005] avec une résolution de l'ordre du nanomètre [Ou 2008]. Gao et son équipe ont déjà publié des éléments en utilisant l'AFM comme un nano-indenteur / imageur [Gao 2003]. Leurs mesures montrent qu'une relation forte existe entre les propriétés mécaniques et l'enzymage de la fibre, et indiquent que les défauts caractéristiques ont une taille de 50 à 180nm. D'autres équipes utilisent l'AFM pour des mesures de module in vivo en parallèle à des essais de vieillissement accélérés. Les résultats indiquent que seules les fibres dont l'enzymage inclus des particules de SiO_2, conservent une taille de défauts stable au cours des cycles de durabilité ; elles sont donc susceptibles d'avoir des propriétés mécaniques durables [Scheffler 2009]. Dans l'étude présentée ici, l'objectif est d'établir une courbe maitresse de la distribution en taille des défauts par une approche mécanique (essai de traction sur fil avec une longueur utile de 60mm) [R'mili 2008] et de la confronter à celle obtenue par une approche microstructurale (caractérisation de surface par AFM).

IV.2. Matériaux

Les fibres de verre AR (Owens Corning) ont une composition chimique classique (SiO_2 65.2 /ZrO_2 13.1/NaO 10.8/CaO 3.4/TiO_2 5.5/K_2O 2.1). Trois produits commerciaux pour composites cimentaires sont étudiés, les HD (fibres haute dispersion) les HP (fibres hautes performances) et les HM (fibre pour panneaux ciment/fibre). Les renforts diffèrent par leur enzymage, leur coating, leur cohésion et les caractéristiques géométriques et mécaniques du fil (Tab1.).

	HP	HD	HM
Contrainte à rupture (MPa)	700	700	850
module E (GPa)	70	70	6
Enzymage/coating	Epoxy	Ether de cellulose	Polypropylène
Fibre	Verre AR, Fil section elliptique	Verre AR, fil sans cohésion	Verre AR Fil section elliptique

Tab. 1. Caractéristiques des fibres

IV.3. Techniques expérimentales et analyse des résultats

IV.3.1. Essai de traction sur fil et AFM

Les essais de traction sur fil pilotés en vitesse ($\dot{\varepsilon} = 0,003s^{-1}$) sont réalisés à 20° C_60%HR, avec une machine d'essai pneumatique et une cellule de force de 500 N. Un dispositif expérimental [R'mili 2008] permet la mesure fine des déformations sur une longueur utile conséquente (Fig. IV.2.)

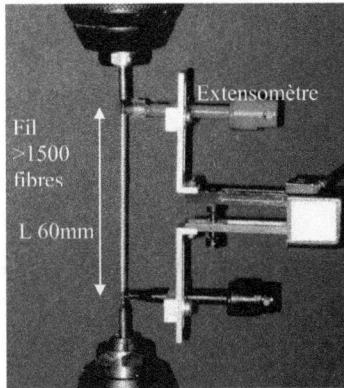

Figure IV.2. Essai de traction sur mèche de verre, composé de centaines de fibres et dispositif de mesure de la déformation

Des caractérisations par microscopie optique (Fig IV.3.a.) et par microscopie environnementale à balayage (Fig IV.3.b.) sont réalisées sur les faciès de rupture.

IV.3.2. Essai de caractérisation par AFM

La caractérisation de la topographie de la surface des fibres est effectuée avec un AFM Di3100 couplé à une électronique Nanoscope V (Brucker AXS). L'acquisition est faite en mode contacts intermittents avec une vitesse inférieure à 20 µm/s, sans aucune préparation de surface de l'échantillon. Un protocole spécifique est développé en asservissant le repositionnement de la platine de balayage xy pour avoir une stabilité et une répétabilité des images. Trois modes d'imagerie sont étudiés (non traitée, traitée, image dérivée), les données sont ensuite analysées avec le logiciel SPIP (Image Metrology). Ce module de mesure dédié aux pores et aux particules analyse après seuillage chaque phase du matériau (dans notre cas les défauts) et rend des données tels que la distribution en taille, la distance aux voisins, la distribution en profondeur du défaut (lorsqu'elle est disponible).

Sur une zone représentative, une particule est isolée puis caractérisée en taille avec les trois modes d'imagerie proposés (non traitée, traitée, image dérivée).

L'aperçu des images non traitées (Fig. IV.2c.) semble visuellement peu propice à l'analyse, toutefois un défaut de profondeur 100nm et de diamètre 200nm est bien mis en évidence sur le graphique et mesuré.

Le premier traitement numérique proposé consiste à appliquer et calculer sur chaque ligne de mesure un polynôme d'ordre 2 pour prendre en compte et annuler la courbure réelle de la fibre (Fig IV.2d.). Ce traitement permet de mettre en évidence les très petits défauts, mais a plusieurs conséquences négatives : (i) les défauts dont l'axe est parallèle à la fibre sont étirés, (ii) la distance aux voisins augmente, (iii) les défauts subissent une déformation en tonneau (le diamètre augmente, et la hauteur diminue). Les mensurations du défaut étudié sur image traitée sont cette fois ci : profondeur 40nm, diamètre 100nm et confirment donc les conséquences négatives supposées. Ces artefacts de mesure dépendent très fortement du diamètre de la fibre.

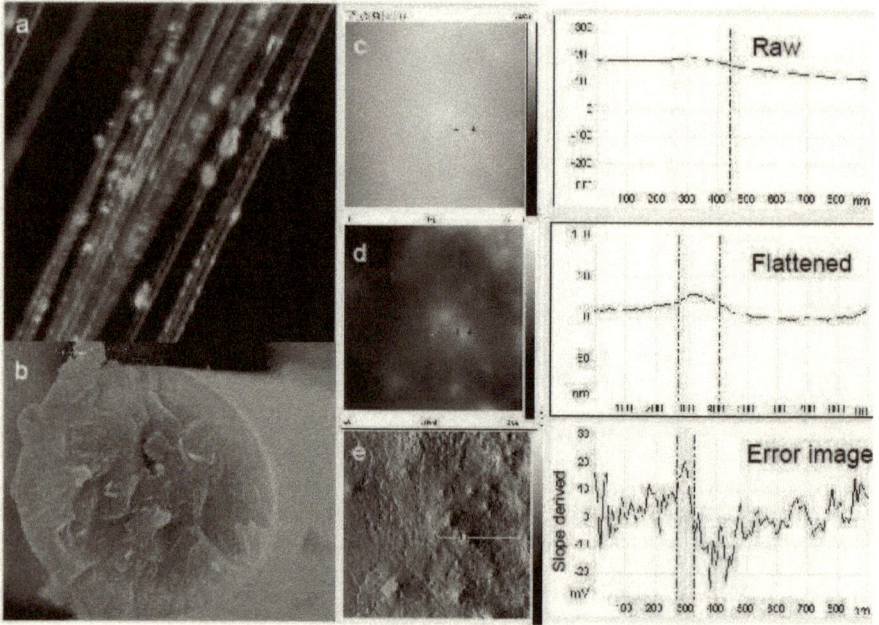

Figure IV.3. Fibre HD : a. microscopie optique, b. Microcopie Electronique à Balayage, c. image AFM non traitée, d. image AFM traitée, image AFM 'dérivée'

Le second traitement proposé consiste en mode point, à calculer l'erreur par rapport à la consigne, c'est-à-dire la force appliquée. Ce traitement sera ici appelé image dérivée, l'image obtenue peut être qualifiée comme une vue de dessus de l'échantillon (Fig. IV.2.e.). Qualitativement l'image dérivée indique la présence d'objets en creux (rayures, sillons, cuvettes, contrastes sombres) et d'objets en reliefs (ilots, récifs, contrastes clairs). Quantitativement, la dimension de l'objet est mesurée à partir de son ombre portée (balayage aller et retour), ce qui conduit ici à une mesure de 80nm pour la particule de l'image (Fig. IV.2d.). Les images (Fig IV.2c–e.) permettent de faire un lien entre information et mesure. Travailler sur une image dérivée conduit à une mesure précise de la taille de défaut, sans artefact lié au diamètre de la fibre, en contre partie la donnée sur la hauteur du défaut n'est pas disponible.

IV.3.3. Essai mécanique, analyse statistique

En utilisant les principes de répartition uniforme de la charge entre fibres parallèles actives lors d'un essai de traction sur mèche [Daniels 45] et la fonction de distribution de Weibull [Coleman 58], il est possible de déterminer la distribution des résistances pour la population de fibres étudiées. Dans le cas des fibres fragiles et en particulier des fibres céramiques, une analyse de Weibull à 2 paramètres (m, σ_ℓ) décrit la distribution statistique en contrainte.

$$F(\sigma) = 1 - \exp\left[-\left(\frac{\sigma}{\sigma_\ell} \right)^m \right]$$
(Eq. 1)

Avec respectivement σ_l : un paramètre d'échelle pour une longueur utile l, m : le module de Weibull, et F : la probabilité de rupture. Une expression analytique simple (Eq. 2) permet d'exprimer les paramètres Weibull en fonction de la résistance moyenne "$\langle\sigma\rangle$" et de l'écart type "S_σ"

$$\langle\sigma\rangle = \sigma_\ell \Gamma\left(1+\frac{1}{m}\right) \quad \text{et} \quad S_\sigma = \langle\sigma\rangle\sqrt{\frac{\Gamma(1+2/m)}{\Gamma^2(1+1/m)}-1} \qquad \text{(Eq. 2)}$$

Avec $\Gamma(.)$ la fonction gamma.

Dans le cas d'un essai sur fil, les descripteurs contrainte et déformation sont liés par la loi de Hooke $\sigma = E\varepsilon$, (avec E module de Young de la fibre). Une approche par des courbes charge – déformation ("$P-\varepsilon$") peut donc également conduire à la détermination des paramètres de Weibull [Daniels 45, Coleman 58, Shi 84, R'mili 97, Neckar 2006]. Lorsque le nombre de monofilaments composant la mèche est conséquent (> 1000), il est possible de définir une probabilité de survie des fibres $S(\varepsilon)$ comme le rapport à une déformation donnée du nombre de fibres survivantes $N(\varepsilon)$ sur le nombre de fibres initial N.

$$S(\varepsilon) = \frac{N(\varepsilon)}{N} = \exp\left[-\left(\frac{\varepsilon}{\varepsilon_\ell}\right)^m\right] \qquad \text{et} \quad 0 \leq S(\varepsilon) \leq 1 \qquad \text{(Eq. 3)}$$

Avec ε_l le paramètre d'échelle associé à une probabilité de survie de 0.37. En prenant deux fois le logarithme de l'équation 3 et une approximation par les moindres carré, l'équation obtenue est l'équation d'une droite de pente m et d'ordonnée à l'origine $-mLn\varepsilon$, lorsque l'axe des abscisses est $Ln\varepsilon$. Cette méthode graphique à l'avantage de la simplicité, par contre elle impose 'd'oublier' environ 15% des valeurs expérimentales pour s'affranchir des logarithmes de zéro et de un.

Lorsque le protocole expérimental garanti avec rigueur les mesures de déformations [12-19], les essais de tractions sur fil permettent donc pour un nombre réduit d'expériences de caractériser finement la distribution des contraintes à la rupture des fibres. La relation charge "P" pour une déformation ε fixée est donnée par l'équation (Eq. 4) et la probabilité de survie par l'équation (Eq.5)

$$P = N_o AE\varepsilon S(\varepsilon) = \Re_o \varepsilon S(\varepsilon) \qquad \text{(Eq. 4)}$$

$$S(\varepsilon) = \frac{\Re(\varepsilon)}{\Re_o} \qquad \text{(Eq. 5)}$$

Avec $\Re_o$ la pente initiale de la courbe "$P-\varepsilon$" et $\Re(\varepsilon) = \frac{l}{C} = \frac{l}{u/P} = \frac{P}{\varepsilon}$, la pente du segment reliant l'origine au point courant de la courbe "$P-\varepsilon$".

Dans cette étude nous utilisons par conséquent les courbes de probabilité de survie "$S-\varepsilon$" pour comparer les fibres et déterminer par une analyse des moindres carrés la distribution en taille des défauts. Une double dérivée nous conduit à l'expression [Eq. 6] de densité de distribution de défauts [Helmer 95, Peterlik 2001].

$$g(a) = \frac{\partial F}{\partial \sigma}\frac{\partial \sigma}{\partial a} = -\frac{1}{2}\frac{K_{IC}}{Ya^{3/2}}f(a) = -\left(\frac{m}{2a}\right)\left(\frac{a_l}{a}\right)^{\frac{m}{2}}\exp\left[-\left(\frac{a_\ell}{a}\right)^{\frac{m}{2}}\right] \qquad \text{(Eq. 6)}$$

Avec $a_\ell = a(\sigma_\ell)$ le défaut critique associé à une contrainte σ_ℓ et K_{IC}=0.75 valeur critique du facteur d'intensité de contrainte pour une fibre de verre [Boccaccini 2003] et $Y = 1.27$ un facteur géométrique fonction de la géométrie du défaut et de sa localisation [Calard 2004].

Une autre voie pour obtenir une densité de distribution de défauts consiste à utiliser une loi normale. Les données d'entrée sont alors limitées à l'écart type " S_σ " et la taille moyenne de défaut nommée " μ " pour éviter toute confusion.

$$g_N(a) = \frac{1}{S_\sigma\sqrt{2\pi}} = \exp\left[-\left(\frac{a-\mu}{S_\sigma\sqrt{2}}\right)^2\right] \qquad \text{(Eq. 7)}$$

IV.4. Résultats et discussion

IV.4.1. Essai de traction sur fil

Seuls les résultats mécaniques des fils HD et HP sont présentés ici. Les formes des courbes sont similaires et caractéristiques d'une rupture fragile pour n fibres parallèles comme le montre le retour progressif à zero de la charge mesurée (Fig IV.4.). Toutefois la fibre HD a une charge à la rupture de 300N, deux fois supérieure à celle mesurée sur la fibre HP (150N). Cependant, cette analyse en force à peu de sens puisque l'échantillonnage n'impose aucune contrainte sur le nombre de monofilaments qui compose chaque mèche. Par contre, l'analyse des déformations a un sens physique et indique des valeurs au pic de 1.0% pour HD (i.e. $\sigma_{max} = E\varepsilon_{max} = 720MPa$) et HP 1.8% (i.e. $\sigma_{max} = 1300MPa$), soit un comportement plus performant du fil HP.

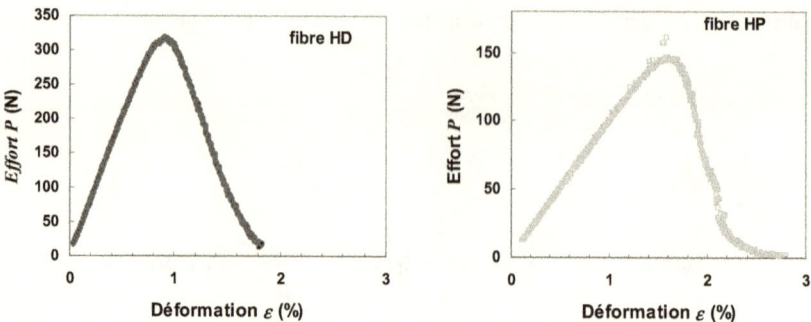

Figure IV.4. Courbes effort déformation fibres HD et fibres HP

Pour permettre une exploitation fine, l'axe des ordonnées (Fig IV.5.) est exprimé en probabilité de survie et deux analyses numériques sont proposées à gauche une analyse non linéaire des données expérimentales et à droite une régression linéaire dans le diagramme de Weibull. Sur le graphe de gauche, la ligne horizontale pointillée correspond à une probabilité de survie proche de 0.5, et donne une idée fiable du niveau de la déformation et de la contrainte moyenne à la rupture. 1,18%

soit 850MPa pour HD, 1,92% soit 1400MPa pour HP, la différence de performance en faveur de HP est confirmée par l'essai mécanique, sans nécessité de mesurer le diamètre du fil ou le nombre de fibres étudiées. Cette facilité d'analyse comparative devrait rencontrer des applications notamment pour la caractérisation de renforts recyclés ou bio-sourcés variables en diamètre, qui s'imposent peu à peu sur le marché des composites.

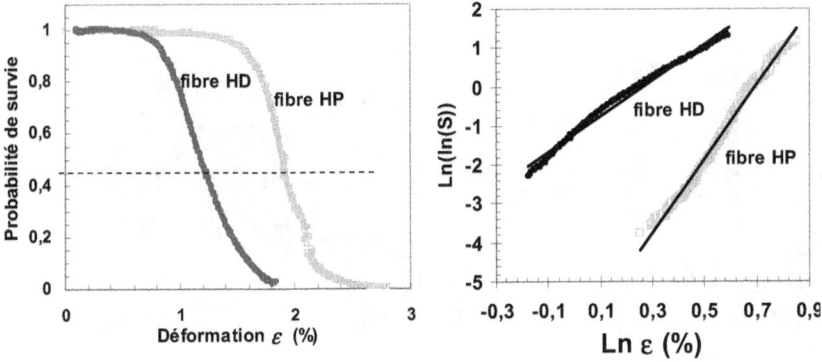

Fig. IV.5 Essai de traction sur fil, analyse non linéaire et régression linéaire dans le diagramme de Weibull

Méthode	HD				HP			
	Médiane $\sigma_{0,5}$ (MPa)	Module Weibull m	moyenne $\langle \sigma \rangle$ (MPa)	Ecart type S_σ (MPa)	Médiane $\sigma_{0,5}$ (MPa)	Module Weibull m	moyenne $\langle \sigma \rangle$ (MPa)	Ecart type S_σ (MPa)
Non linéaire	855	5	876	208	1375	9	1363	165
Graphique	-	5	855	211	-	9	1378	183

Tab. II. Analyse non linéaire et régression linéaire dans le diagramme de Weibull pour les fils HD et HP

IV.4.2. Distribution en taille des défauts issus de l'analyse mécanique

La fibre HD est caractérisée par un module de Weibull de 5 deux fois plus faible que celui de la fibre HP (Tab II.), par conséquent la distribution en taille des défauts du fil HD sera très étendue. Les résultats exploités en utilisant la loi de Weibull indiquent une taille moyenne de défauts de 470 nm pour HD et de 170 nm pour HP, et confirme que la population n'est pas bimodale.

Une approche statistique différente, toujours fondée sur un traitement de l'intégralité des données mécaniques est utilisée pour permettre une comparaison aisée avec les résultats d'AFM exprimés suivant une loi normale (Tab III).

méthodes	HD		HP		HM	
	Moyenne	Ecart type	Moyenne	Ecart type	Moyenne	Ecart type
Analyse mécanique	600 nm	490 nm	200 nm	70 nm	--------	
AFM, non traitée	(610 nm)	600 nm	160* nm	80 nm		
image dérivée	180* nm	130 nm	(83 nm)	70 nm	150*	60

* taille de défauts issue d'un calcul sur image dérivée, () taille de défaut issue d'un calcul sur image non traitée

Tab. III. Comparaison des tailles de défauts AFM et mécanique pour les fils HD, HP et HM

IV.4.3. Distribution en taille des défauts issus de l'analyse microstructurale

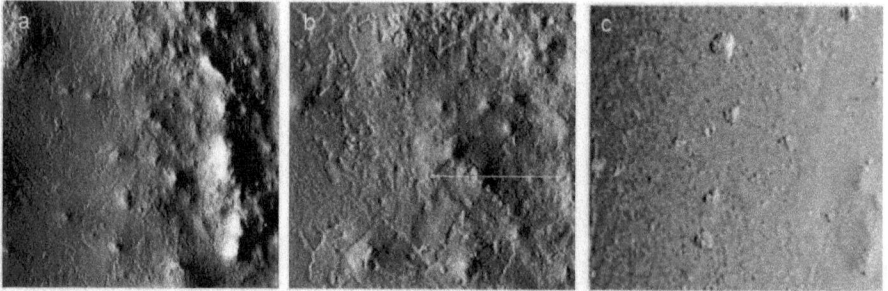

Figure IV.6. Images AFM dérivées : a. fibre HD zone 5 µm², b. fibre HP 2 µm², c. fibre HM 5 µm²

Le premier travail consiste à définir la surface à mesurer pour trouver un nombre de défauts nécessaire et suffisant afin de décrire correctement la fibre et de réaliser l'analyse statistique.

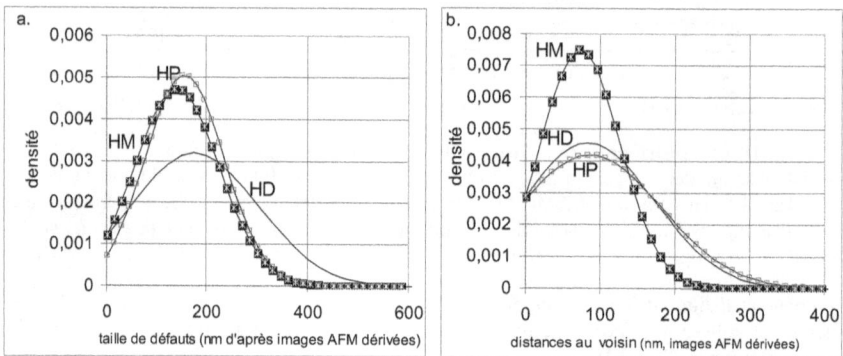

Figure IV.7. Images AFM dérivées : a. distribution en taille des défauts, b. distribution en distance des voisins

Qualitativement les images dérivées (Fig. IV.6) montrent des contrastes spécifiques : HD (Fig IV.6a) une forte hétérogénéité et de multiples rayures, HP des indentations en forme de Y et des demi lunes(Fig IV.6b), HM une multitude de petits spots très proches les uns des autres.

Quantitativement les défauts de HD ont un diamètre moyen de 180 nm et une profondeur moyenne de 70 nm, alors que les défauts de HP mesurent en moyenne 160 nm pour une profondeur de 4 nm. La microstructure met donc en évidence des défauts plus petits et moins profonds pour HP. Les distributions (Fig. IV.7a.) en diamètre indiquent une étendue restreinte pour HP et HM, et une translation vers des défauts de petites tailles. Les distributions en distance (Fig IV.7b.) distinguent la fibre HM, 95% des défauts sont à moins de 150nm les uns des autres. Des études [Gao 2003, Scheffler 2009] avaient déjà montré que les défauts critiques sur les fibres de verre étaient aigus, profonds et très proches les un des autres, elles sont ici confirmées.

IV.4.4. Couplage des essais mécanique et microstructuraux

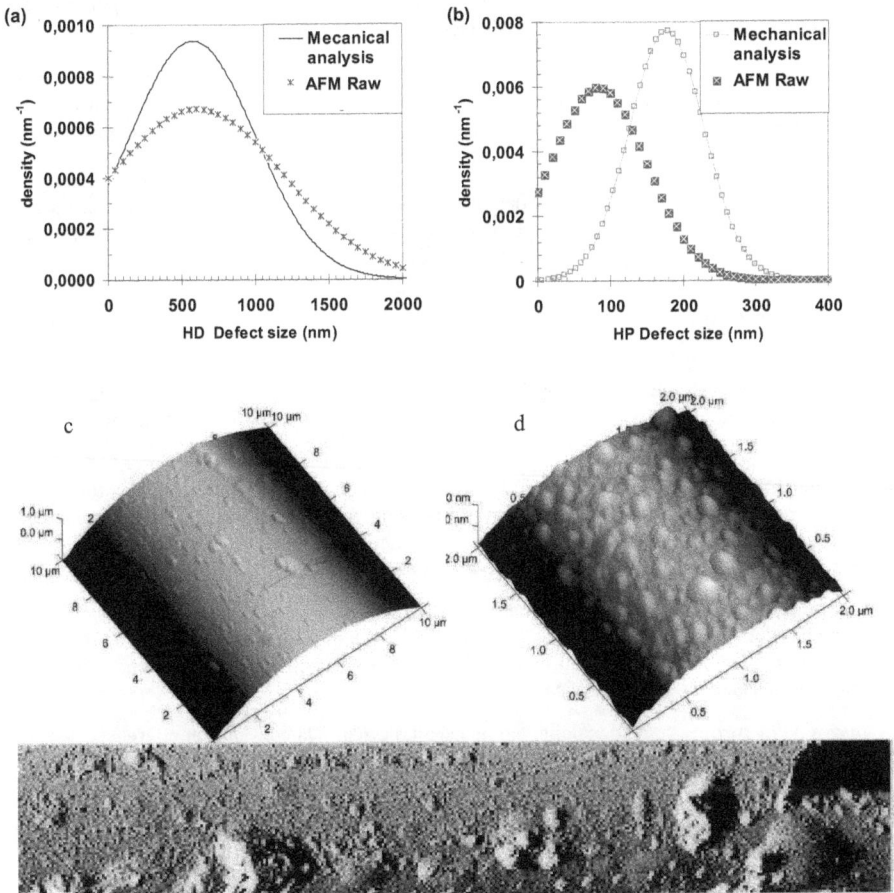

Figure IV.8. taille de défauts comparées : a. fibre HD, b. fibre HP ; reconstruction 3D AFM : c. fibre HD 5 x 5µm, d. fibre HP 2 x2µm, Image dérivée fibre HP 8 x 50 µm

La Figure IV.8a compare pour la fibre HD la distribution en taille des défauts obtenues par AFM (image non traitée) et par analyse mécanique et montre que les courbes sont très proches. Pour HD, mécanique et microstructure permettent d'obtenir une courbe maitresse de distribution en taille des défauts.

La Figure IV.8b met en regard des courbes similaires cette fois ci pour la fibre HP. Les amplitudes des distributions sont comparables mais la courbe AFM est translatée de 100nm vers les défauts de petites tailles. Ces résultats diffèrent de ceux obtenus par Turrion sur des fibres similaires [Turion 2005]. Ceci peut en partie s'expliquer par le fait que l'AFM décrit tous les défauts alors que l'analyse mécanique ne mesure que les défauts critiques, ceux qui ont des conséquences structurales.

Autre atout de l'AFM, l'imagerie sous forme de reconstructions 3D qui caractérise en volume la surface du renfort (Fig IV.8c et IV.8d). Les images confirment une texture nettement plus fine et résolue pour la fibre HP (Attention échelle distinctes entre HP et HD).

Toutefois la zone reconstruite pour HP est trop petite pour percevoir une organisation locale, une vue panoramique complémentaire (Fig. IV.8d.) est donc présentée. Celle-ci met en évidence un alignement des très petits défauts suivants des lignes parallèles inclinées de 15° par rapport à l'axe de la fibre.

Les deux méthodologies d'analyses des défauts, la mécanique et la microstructurale, semblent intéressantes en association pour développer des composites dédiés à des applications spécifiques où les propriétés d'adhérence fibre matrice jouent un rôle.

IV.5. Conclusions

Le diagramme de probabilité de survie et l'imagerie de surface par AFM de la fibre sont des modes de caractérisation intéressants qui regroupent de manière synthétique des informations mécaniques et texturales.

Un protocole AFM rigoureux a été développé pour étudier des images AFM traitées, non traitées et dérivées. Il est ainsi possible de connaître avec précision les caractéristiques géométriques des défauts de surface en s'affranchissant des problèmes numériques liés au diamètre de la fibre. Cette méthodologie pourrait également être appliquée sur les excroissances liées à l'enzymage.

Quel que soit le mode de traitement des images AFM employé, les classements des fibres en taille et sévérité des défauts étaient identiques. Toutefois tous les monofilaments avaient ici un diamètre nominal proche. La fibre qui présentait la taille de défaut la plus petite, présentait bien entendu les performances mécaniques les plus élevées.

Les images AFM corrigées en mode point, par un calcul d'erreur à la consigne, et référencée dans le texte 'image AFM dérivée' permettent de qualifier des fibres de diamètres différents sans artefact numérique. Ceci a un fort intérêt pour comparer des fibres synthétiques, recyclées ou bio-sourcées.

L'une des fibres, la HD présente un module de Weibull très faible, son utilisation en longueur courte (6mm) dans des composites permettra d'obtenir des performances mécaniques nettement supérieures à une utilisation en longueur moyenne (18mm).

Pour la fibre HD, les deux technologies mécaniques avec l'essai de traction sur mèche et microstructurale avec l'analyse AFM, conduisent à une détermination fine et cohérente de la distribution en taille des défauts.

Pour la fibre HP, les distributions ne sont pas centrées sur la même taille de défauts, ce qui indique que les plus petits défauts mis en évidence par l'AFM ne sont pas mécaniquement critiques.

IV.6. Références chapitre IV

Boccaccini A.R, Rawlings R., Dlouhý I., Mater Sci Eng A347, 2003, 102-108

Calard V., Lamon J., Comp Sci Tech 64, 2004, 701-10.

Chen C.P, Chang T.H., Materials Cherimistry and Physics 77, 2002, 110-116.

Chen Z. Chemical Physics letters 439, 2007, 105-109.

Deville S., Chevallier J., attaoui H. El, J Am Ceram Soc 88, 2005, 1261-1267.

Chi Z., Wei Chou T., Shen G., J Mater Sci 19, 1984, 3319-24.

Coleman B.D. J, Mech Phys Solids 7, 1958, 60-70.

Cowking A., Attou A., Siddiki A.M., Sweet M.A.S., J Mater Sci 26, 1991, 1301-1310.

Daniels H.E., Proc R Soc A 183, 1945, 405-35.

Desai T. et al, Mechanical Properties of Concrete Reinforced with AR-Glass Fibers, 7th International Symposium on BMC, Warsaw, 2003, p. 223-232.

Evans K.E, Cadduck B.O., Ainsworth K.L., J Mater Sci 23, 1988, 2926-2930.

Gao S.L., Mäder E., Abdkader A., Offermann P., Langmuir 19, 2003, 2496-2506.

Helmer T., Peterlik H., Kromp K. , J Am Ceram Soc 78, 1995, 133-136.

Houget V., Materials and structure 28, 1995, 220-29.

Ikai S., Construction and building materials 24, 2010, 171-80.

Norme européenne, Advanced technical ceramics – ceramic composites – method of test for reinforcement – Part 5 : Determination of distribution of tensile strength and of tensile strain to failure of filaments within a multifilament tow at ambient temperature 1998 EN 1007-05.

Neckar B., Das D., Fiber and textiles in eastern Europe 14, 2006, 23-28.

Okoroafor E.U., Hill R., Ultrasonics 33, 1995, 123-131.

Ou M., Lu G., Shen H., Marquette A., Ledoux G., Roux S, Tillement O, Perriat P., Chengs B., Chen Z., Photochemistry and photofiology 84, 2008, 1244-1248.

Peterlik H., Loidl D. Eng Fract Mech 68, 2001, 253-261.

R'Mili M., Moevus M., Godin N., Comp Sci Tech 68, 2008, 1800-1808.

R'Mili M., Bouchaour T., Merle P. Comp Sci Tech 56, 1996, 831-834.

Scheffler C, Gao S.L., Plonka R., Mäder E., Hempel S., Butler M., Mechtcherine V., Comp Sci Tech 69, 2009, 531-38.

Torrenti JM, Poyet S., caractérisation de la variabilité des performances de bétons, Application à la durabilité des structures, Annales de l'IPBTP, Avril 2010, 6-13

Turrion S.G., Olmos D., Gonzales-Benito J., Polymer testing 24, 2005, 301-308

Chapitre V

Transport dans les enveloppes de bâtiment maçonnées fracturées

Sommaire

V. Transport dans les enveloppes de bâtiment maçonnées fracturées

V.1. Motivations scientifiques

En suivant toujours le fil d'une complexité croissante du matériau, les ITE et les ITI sont in-finé rapportés sur un bâti existant, dont ils doivent améliorer les propriétés thermiques et hygriques. Il est donc intéressant de pouvoir remonter des propriétés à l'échelle du matériau, aux proptiétés à l'échelle d'une plaque 2D ou 3D de matériau, aux propriétés de transfert à travers une paroi opaque de bâtiment.

Dans cette quatrième partie, je présente un travail de modélisation en cours dans le cadre de la thèse de Simon Rouchier pour améliorer la description des transferts couplés dans les bâtis anciens maçonnés. Ce travail de doctorat est réalisé en codirection avec M. Woloszyn du CETHIL, et a comporter un stage ERASMUS de 6 mois à la DTU à Copenhague. Ceci nous a conduits à utiliser l'anglais dans l'intégralité des rapports de recherche de cette thèse et dans la partie présentée ici.

Le premier intérêt scientifique de cette étude est de prendre en compte dès le début des simulations d'efficacité thermique des bâtiments[5], le caractère fortement endommageable des matériaux utilisés pour leur construction.

Le second développement scientifique est de chercher à décrire dans le cas d'enveloppe complexe de bâtiment, la couche matériau la plus pertinente vis-à-vis du phénomène étudié. En effet, les résultats obtenus sur des benchmarks modélisation/expérimental indiquent des fortes distorsions entre les mesures et les simulations. Ceci peut s'expliquer par une caractérisation inadéquate des matériaux, soit au niveau de la description de leur porosité, soit au niveau de la définition de la surface spécifique d'échange, soit au niveau des coefficients de transferts équivalents. Plusieurs équipes s'attachent à améliorer la caractérisation notamment de l'inertie hygrique. En particulier Rode [Rode 2005] qui propose un indice dénommé Moisture Buffer Value (MBV). Le MBV est déduit d'un test de sorption dynamique qui consiste a imposer une sollicitation échelon périodique, modélisant une journée classique d'activité 8h à 75% HR, et 16h à 33% HR avec une température de 23°C. Les courbes peuvent être comparées en amplitude et en nature, l'indice représente la prise de masse relative en 8h ramenée à la surface exposée, et au saut d'humidité relative imposé.

$$MBV = \frac{M_{8h} - M_0}{S.(\%HR_{max} - \%HR_{min})}$$

Par exemple cet indice est calculé pour les parois intérieures classiques de bâtiment, majoritairement constituées en Europe par trois matériaux : placo-plâtre, brique, mortier ; souvent associés à des revêtements tels que des papiers peints, des peintures, ou par la partie rénovation des toiles de verre enduites.

La morphologie, la taille et la texture des réseaux poreux sont très différentes (Fig V.1) pour ces trois matériaux comme le montrent les micrographies V.1a, V.1b, et V.1c et la DTP(V.1.d), ainsi que les hystérésis sorption/désorption (V.1.e). A l'échelle observée en MEB, la brique est formée d'un assemblage de feuillets, avec des pores de l'ordre du micron, l'hystéresis du programme confirme des pores capillaires centrés sur le micron, et 5% de pores inférieurs à 100nm. Le mortier

---

[5] Des la phase de conception, il est maintenant obligatoire de simuler l'effacité énergétique des bâtiments. Toutefois les critères matériaux supposent des matériaux non fracturés et ne tiennent pas compte du caractère fragile et fortement endommageable des matériaux utilisés

est formé d'un assemblage de grains, pontés par des poutres délimitant deux gammes de porosités ovoïdes, centrées sur 10 μm et 200μm, la porosimétrie Hg sous estime la taille de pore et mesure uniquement le diamètre d'accès. Le plâtre est formé d'un assemblage d'aiguilles de 1 μm de coté et 10μm de longueur délimitant des pores de géométrie polyèdres, la porosité bimodale est marquée et respectivement centrée sur 1 et 30μm. L'hystérésis indique que près de 70% du mercure intrudé, est ensuite extrudé du matériau ce qui rend compte d'une texture du réseau poreux favorable aux échanges.

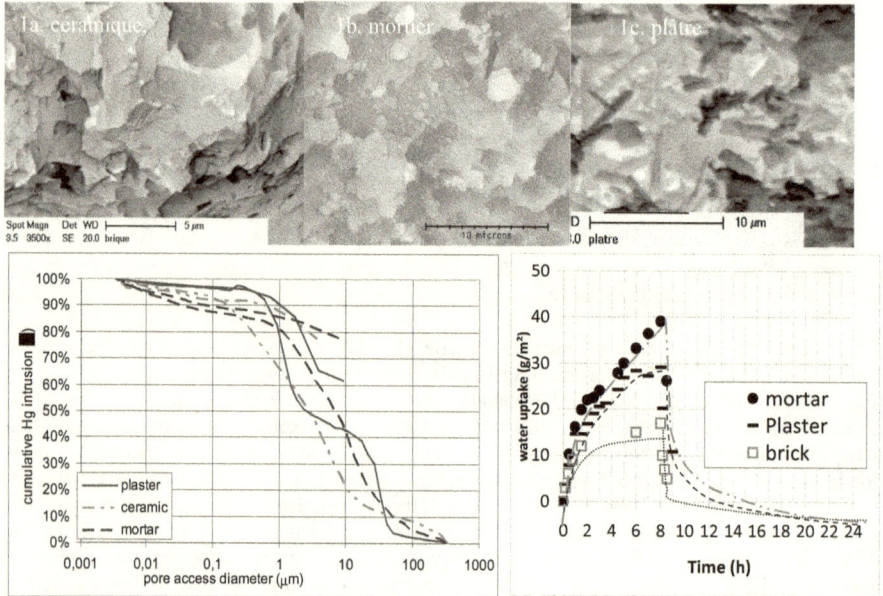

Figure V.1 : a. Micrographies ESEM des matériaux a. brique céramique, b. mortier, c ; placo plâtre, d courbes d'intrusion extrusion en porosimétrie Hg., e, courbes de sorption dynamique sur échelle 33-75% HR à 23°C pour détermination du MBV.

En sorption dynamique sur la gamme 33-75% RH, la gamme de porosité sollicitée pour les échanges de sorption est micronique, la valeur de MBV corrèle donc convenablement avec le classement en taille de pores des matériaux.

Tableau I. : *porosité plâtre, mortier, brique*
* *taille de pores à 10μm en poro Hg mais 100μm en tomographie X*

	Céramique	Mortier	Plâtre
d app (g/cm³)	**2,0**	**1,6**	**0,8**
Porosité (%)	**25**	**40**	**69**
Mode 1, mean access φ (μm),	5.6	10 *(100)	10
Hg vol μl/g	0.01	0.02	0.12
Mode 2. mean access φ (μm),	0.6	2	30
Hg vol μl/g	0.08	0.01	0.10
MBV 23°C 33%HR / 75 %HR	**0,43**	**0,91**	**0,65**

Prenons des parois complexes et étudions les parois bi-composants formées par l'association d'un matériau et d'un revêtement, en mesurant le MBV toujours pour une occupation classique de bâtiment.

Dans le cas du plâtre qui comporte peu de pores inférieurs à 100nm, la toile de verre augmente très notablement la sorption (+20g/m²) et modifie les cinétiques observées. Le phénomène est amplifié pour la toile non tissée.

Dans le cas du mortier qui est caractérisé par une porosité bimodale, les valeurs évoluent peu (+/- 5g/m²)

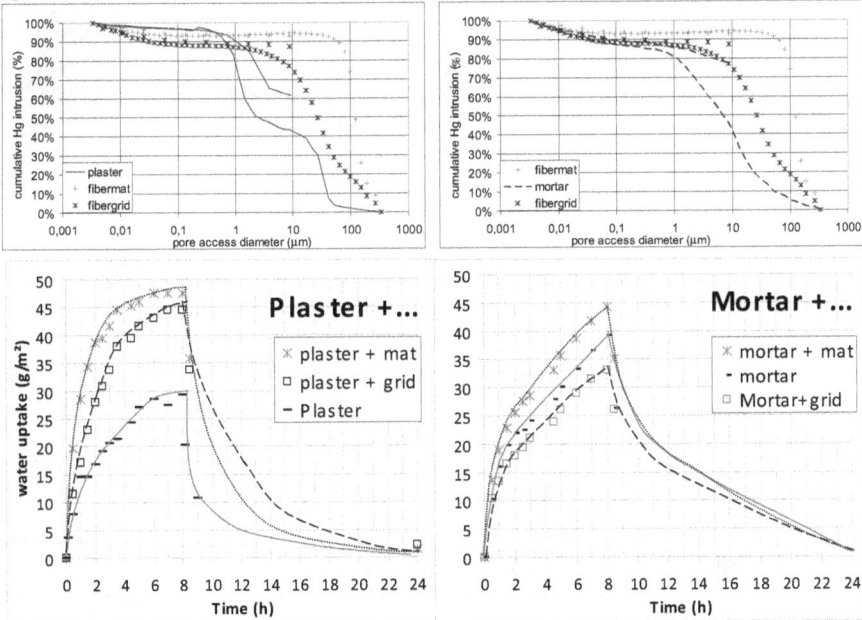

Figure V. 2 : a. DTP par intrusion/extrusion Hg du platre – b. DTP par intrusion/extrusion Hg du mortier, c., courbes de sorption/désorption des composites platres. d., courbes de sorption/désorption des composites platres.

La Figure V.2. indique donc que les supports non fissurés ont des comportements vis-à-vis de la vapeur d'eau très différents en cinétique (seul le plâtre atteint l'équilibre) et en amplitude. Elle informe également sur le rôle important du revêtement de surface qui pilote les échanges hygriques. Les résultats ne sont pas purement additifs, un couplage support / revêtement est mis en évidence. Ces informations sont complétées par le tableau II qui confirme que sur la gamme des embellissements disponibles en peinture et papier peint, les échanges dans le cas d'un matériau fortement hygroscopique comme le plâtre peuvent être amplifiés (cas du papier peint léger) ou complètement anhilés (cas de la peinture micro-poreuse).

Tableau II. : *Valeurs de l'indice MBV pour différents embellissements* **33%HR-75%HR** 23°C

Plâtre + TV + peinture	Plâtre + Papier peint V	Plâtre	Plâtre + Toile intissée	Plâtre + Toile de Verre	Plâtre + Papier peint L
<0,1	0,24	0,65	1,09	1,05	0,88

La figure V.3. apporte un décompte de la puissance énergétique de chauffage nécessaire pour une cellule d'habitation avec une face exposée à l'extérieur, la moitié des codes de simulations utilisés minorent les besoins énergétiques.

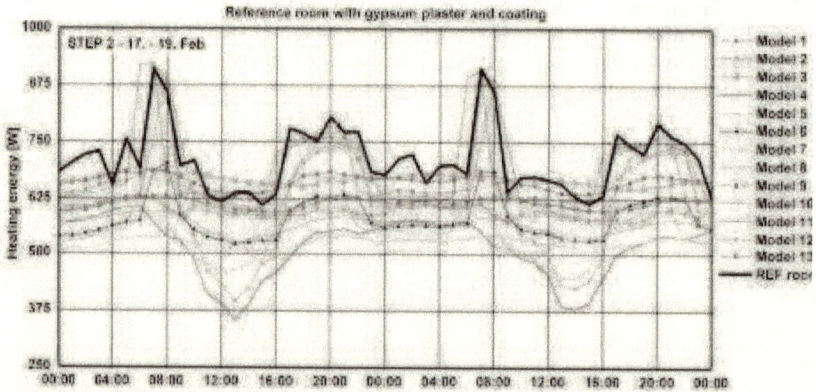

Figure V.3 : round robin test IBP, puissance de chauffage mesurée et simulée dans la cellule de référence (courtoisie M. Woloszyn 2010)

Cet exemple illustre certaines des questions scientifiques qui seront développées dans ce chapitre en focalisant l'étude sur la paroi externe du bâtiment. Cet exemple démontre également la nécessité de mettre en place dans le développement de nouvelles solutions pour le bâtiment 'une approche système'. La paroi étudiée doit être définie comme une enveloppe complexe 'matériau fonctionnel et matériau d'embellissement'. Ce travail se réalise en **coopération internationale avec la DTU** de Copenhague et plus particulièrement Hans Janssen, tous les échanges se font en anglais **la partie scientifique** qui suit est donc en anglais.

V.2. Eléments de bibliographie

Coupled heat and moisture simulation prior to a building construction has become an important part of its elaboration and a condition for its energetic efficiency. Simulation codes were also recently developed and improved so as to include for instance the effects of the weather [Blocken 2004], the occupiers or the moisture buffering of furniture. Finite element models are often used for transfer through single building components or walls, zonal models are suited for simulation at higher scales, and both methods have also been recently coupled [Steeman 2010].
However, the material description in simulation tools is often based on hypothesis such as anisotropy and constant transfer properties of the materials. While these assumptions can be accurate at the time of construction of a building, they could be an important source of calculation errors as the building ages and its materials start to present various forms of degradation. Fractures in cementitious materials may be caused by various phenomena: compressive and tensile mechanical loading and fatigue phenomena causing progressive microstructural dislocations, cyclic expansion of the material due to thermal cycles, degradation caused by sorption and desorption cycles, transport of reacting chemicals through water such as chloride ions [Torenti 1996, Elaqra 2007, Wetzel 2012,]. Microcracking first occurs during the maturation and hydratation processes in

Portland cement as a result of drying shrinkage [Bazant 82]]. As a consequence, defaults are already distributed in recently set up concrete and represent a base for further cracking.

The focus here is on mechanically induced damage mechanisms and their impact. Building material durability studies tend to describe the degradation of semi-brittle materials such as concrete in two phases [Mazars 96] : damage mechanics [Bazant 83] for the description of diffuse microcracking and fracture mechanics for the growth of a macroscopic crack subsequent to a strain softening behaviour. Depending on the nature and geometry of the crack network, several approaches have been developed for flow modelling in fractured porous media [Berkowitz 2002].

Discrete fracture models, suited for macroscopic fractures or close-range modelling of microcracks, are the most detailed as they allow the account of detailed transport phenomena. Some methods enable to simulate the effects of moisture on the evolution of crack opening and mechanical behaviour of porous materials [Rode 2005, Roels 2003 et 2006]. However, such models need exhaustive material description and mechanical characterization prior to flow simulations.

Equivalent continuum models on the other hand are suited for damaged building components presenting a high number of well-distributed microcracks. Recent studies [Pijaudier-Cabot 2009] have shown the consequences of diffuse micro-cracking on the intrinsic permeability of concrete during mechanical loading or after unloading. The liquid and gaseous conductivity of cementitious materials can be significantly increased before the formation of a macroscopic fracture. However, moisture transport in building materials is not only caused by the displacement of a continous liquid phase which can appear in case of rain [Hagentoft 2007], but is also caused by water vapour gradients and sorption processes in the hygroscopic range. The complete understanding of the influence of damage on these processes needs experimental characterization and numerical modelling methods. A complete experimental setup starting from material elaboration to mechanical loading and hygric characterization has been developed. Coupled with appropriate numerical tools, this methodology allows to estimate the effects of damage on the dynamic and equilibrium properties of mortar.We start this work by describing these tools after a short reminder of the formulation of the coupled transport equations for heat and moisture accross building materials. Then the numerical setup is described.

V.3. Numerical modelling of flow in damaged porous media

V.3.1. Isothermal moisture transport equation

The modelling of transfer through porous building materials for the study of their hygrothermal performances is done with HAM transfer models which are based on the resolution of up to 3 coupled transfer equations, respectively for heat, air and moisture balance. Air flow occurs through building components in case of atmospheric pressure fluctuations or differences between the indoor and outdoor pressures, and can have a strong influence on heat and moisture transfer, shown by convective coupling terms in their respective transport equations. However, the characterization of moisture transport properties of a material requires the hypothesis of a constant atmospheric pressure, which is often the case in the modelling of coupled heat and mass transfer [Jannsen 2007] or of material properties [Gregor 2010].

The conservation equation for the water content w inside a building component includes terms for moisture transport in both gaseous $\mathbf{g}_v$ and liquid $\mathbf{g}_l$ phases, which are usually expressed separately:

$$\frac{\partial w}{\partial t} = -\nabla \cdot \left(\vec{g}_v + \vec{g}_l \right)$$

$$(1)$$

Under the hypothesis that air transfer does not occur, the water vapour transfer is only driven by a gradient of water vapour pressure p_v, and liquid water transfer is driven by a gradient of capillary pressure p_c.

$$\mathbf{g}_v = -\delta_p \nabla p_v \tag{2}$$

$$\mathbf{g}_l = -K_l \nabla p_c \tag{3}$$

where δ_p and K_l are respectively the water vapour permeabilty and liquid permeability of the material, expressed in unit [kg.m^{-1}.s^{-1}.Pa^{-1}] or [s]. Water vapour transfer is prevailing over liquid transfer in the lower humidity range, in absence of a continuous liquid phase in the porous network. Liquid transfer is prevailing in the opposite case, for instance when a building component is in contact with wind-driven rain. δ_p can also be referred to as water vapour permeability [Jannsen 2007], as it is the main cause for moisture transfer at low relative humidities in absence of an air pressure gradient.

In order to model both phases as driven by the same potential (usually p_c) for numerical applications, the Kelvin formula can be used to relate both pressures, although the formulation of their spatial and temporal derivatives leads to additional coupling terms in the equation [Jannsen 2007]. The estimation of the liquid conductivity K_l can be done through network models [Carslaw 59, Xu 97part I, Xu 97 part II] or other structural models [Gregor 2010], which allow to extract the intrinsic or relative conductivity of the material from the moisture retention curve or from experimental characterization methods of the material microstructure such as mercury intrusion porosimetry.

The vapour exchange at the surface of a sample is described by a convective mass transfer coefficient h_p :

$$\delta_p \left(\nabla p_v \cdot \mathbf{n} \right) = h_p \left(p_{v\infty} - p_v \right) \tag{4}$$

where $p_{v\infty}$ is the ambient water vapour pressure and $\mathbf{n}$ the normal vector of the surface. The convective coefficient hp characterizes the boundary layer at the surface of the sample and is a function of multiple parameters such as the moisture concentration, the air velocity or the presence of turbulence. Its accurate modelling is quite challenging, and a closer look on methods for its experimental measurement can be found in [Kwiatkowski 2009]. In the present study, we present a new method for the estimation of h_p (see section V.2.2).

V.3.2. Estimation of water vapour permeability from experimental measurements.

The focus here is on the water transfer in the gaseous phase, which largely prevails in the hygroscopic humidity range considered in the present work. As the target of this study is the estimation of the evolution of permeabilty as mortar samples are damaged by mechanical loading, two different methodologies are presented here for its calculation fromthe mass uptake measurements of the samples placed in a climatic chamber with stepwise changes in relative humidity.

Various methods have already been proposed for the derivation of water vapour permeabilty of cementitious materials from stepwise sorptive or desorptive measurements [Andenberg 2008, Garbalinska 2006]. Two methods are implemented here as they appropriately complete the experimental procedure described below. The first method presented here consists in relating the water vapour permeabilty δ_p to the slope of the moisture uptake after a stepwise change in ambient relative humidity, plotted versus square root of time. It allows comparison of several samples placed without the need of long experimental times. The second method is based on an analytical resolution of the simplified moisture transport equation.

Square root of time

The notion of moisture buffer value (MBV) of a building material was introduced as part of the Nordtest project [Rode 2005] which aimed at finding an appropriate measure for the description of absorption and release of moisture by hygroscopic materials subjected to daily environmental fluctuations. The MBV is connected to the moisture effusivity b_m, which is an indicator of the rate of moisture intrusion after a given change in the boundary condition.

$$b_m = \sqrt{\delta_p \frac{\partial w}{\partial p_v}} = \sqrt{\frac{\delta_p \xi}{p_{sat}}}$$

(5)

where $\xi = \partial w / \partial \varphi$ is the slope of the sorption isotherm, i.e. the equilibrium moisture content w at relative humidity φ, and p_{sat} is the saturation pressure of water vapour in air.

A fairly accurate approximation is to consider the instantaneous mass uptake rate in a specimen during the first few hours of moisture intrusion g_m as proportional to the ratio of effusivity to the square root of time [Rode 2005]:

$$g_m \propto \frac{b_m}{\sqrt{t}}$$

(6)

where t is the elapsed time since the change in the moisture boundary condition. This hypothesis, although strong, is made possible under the assumption that relatively small humidity steps are observed, and that the moisture resistance caused by the boundary layer at the surface of the material is small in comparison to the water vapour resistance of the material itself. Under these hypotheses, it is possible to find a relation of proportionality between the measured mass uptake ϕ_m of a sample during a humidity time step after a time t and its permeabilty δ_p :

$$\frac{\Delta m}{S} = \int_0^t g_m d\tau \propto \sqrt{\frac{\delta_p \xi}{p_{sat}}} \sqrt{t}$$

(7)

where S is the exposed surface of the sample. This surface of contact with the environment is prevailing over the volume of the sample for the mass uptake rate, as long as its thickness exceeds the moisture penetration depth for the fluctuations at stake. The expression 7 is only a relation of proportionality, which means that it does not allow an estimate of the absolute value of the permeability of a single sample, but it can possibly describe its relative variation between several samples which are subjected to the same humidity step. If we express the ratio of expression 7 for two different specimens represented by subscripts 1 and 2, the relation yields:

$$\frac{\delta_{p,1} \xi_1}{\delta_{p,2} \xi_2} = \left(\frac{\Delta m_1}{\Delta m_2} \frac{S_2}{S_1} \right)^2$$

(8)

It is therefore possible to estimate the evolution of the water vapour permeabilty with the development of damage compared to its value for the intact material, under the assumption that the slope of the sorption isotherm ξ is not influenced by the presence of fractures, which is relevant with the usual observation that cracks do not participate in the equilibrium moisture content of a material, especially one with relatively high porosity as is the case in the present study.

Analytic resolution of the transport equation

A second procedure is proposed for the derivation of δ_p from mass uptake measurements, which theoretically also allows for a simultaneous estimation of all three parameters needed for mass transfer simulations: permeabilty δ_p , moisture capacity ξ and convective mass transfer coefficient at the surface of the sample h_p . The method is based on an analytical resolution of the moisture transport equation under following assumptions:

(i).   the moisture transfer is one-dimensional
(ii)   the permeabilty and moisture capacity are constant in the observed humidity range
(iii)   coupling terms induced by air and heat transfer are neglected

The second hypothesis restricts the procedure to a limited interval of relative humidity, which must also not exceed a certain value above which the sorption isotherm becomes strongly non-linear. In the present case, this interval will be 50%-75%. As a consequence of these simplifications, the equation 1 becomes:

$$\frac{\partial w}{\partial t} = \delta_p \frac{\partial p_v}{\partial w} \frac{\partial^2 w}{\partial x^2} = \delta_p \frac{p_{sat}}{\xi} \frac{\partial^2 w}{\partial x^2}.$$

(9)

Equation 9 is similar to one-dimensional heat transfer through solids and can be analytically solved [Carslaw 59, Garbalinska 2010] for a sample of thickness L, exposed on one surface and insulated on the other, and initially placed at a uniform moisture content w_0 :

$$m = \int_0^L (w(x,t) - w_0)dx$$

(10)

$$m = L\xi\Delta\phi \left[1 - \sum_{k=1}^{\infty} \frac{2\sin^2 a_k}{a_k (a_k + \sin a_k \cos a_k)} \exp\left(-a_k^2 \frac{\delta_p}{\xi} \frac{p_{sat} t}{L^2}\right) \right]$$

(11)

where m is the mass increase by unit surface of the sample since the beginning of the humidity step $\Delta\varphi$. This formulation is summed over a series of increasing numbers a_k defined after the hygric Biot number Bi_h, which is defined similarly to its thermal equivalent as a measure of the comparative influence of convection and diffusion phenomena across the sample of width L:

$$\frac{Bi_h}{a_k} = \tan a_k$$

(12)

$$Bi = \frac{h_p L}{\delta_p}$$

(13)

The a_k numbers are of decreasing influence on the result of the expression 11 and a sufficiently accurate result can be reached with consideration of only the first 5 to 10, depending on the material.

An Levenberg-Marquardt algorithm [Marquardt 63] is then applied for the estimation of the transport properties by correlating the non-linear equation 11 with mass uptake measurements by the least-squares method. This algorithm is based on the iterative resolution of the following system of equations :

$$[J^t J]_n \mathbf{u}_{n+1} = J_n^t [m_{exp,i} - m(\mathbf{u}_n, t_i)]$$

(14)

where the subscript n indicates the iteration, $m_{exp,i}$ is a series of experimental measurements at the time coordinates t_i , $\mathbf{u}$ is the vector of the parameters (δ_p, ξ, h_p) and $\mathbf{J}$ is the matrix of the derivatives of m with respect to u :

$$J_{i,j} = \frac{\partial m(\mathbf{u}, t_i)}{\partial u_j}$$

(15),

The expressions of $\partial m/\partial \delta_p$, $\partial m/\partial h_p$ and $\partial m/\partial \xi$ are required in this expression and can all be derived analytically from equation 11.

This procedure requires a sufficient input of mass measurements $m_{exp,i}$, preferably evenly spaced along the humidity step. It theoretically allows the calculation of all parameters influencing the water uptake rate of the specimen, but might lack of accuracy when attempting a simultaneous estimation of all three, due to the approximations on which the method is based. These matters will be adressed in section 4.2.

V.4. Dynamic measurements of water vapour adsorption

In order to achieve a full understanding of the differences in the permeabilities of both uncracked and damaged materials, an experimental setup was elaborated,which covers the entire process of generating and observing crack growth as well as measuring the resulting water vapour permeability

V.4.1   Material description

.

The material used for all tests is a Portland cement insulation mortar including some dry redispersable polymers, with a water/dry mix weight ratio of 0.17 and reinforced with 1% weight of glass fibres(Lafarge, MAITE monocomposant). While cement particles are disssolved and hydrated latex polymer particles are dispersed in the liquid phase and form a continuous solid network together with the cement hydrates and the unreacted cement or filler. Earlier studies have proved [Chalencon 2010] that during tensile loading, the material will show a non-brittle behaviour, developing progressive diffuse cracking before the formation of a main macroscopic fracture. The ready dry mix components were mixed with water for a minute before incorporation of the glass fibres and two more minutes of mixing. The paste is then moulded into plate samples of 500 grams and approximately $300 \times 100 \times 10$ mm^3, and kept two days at a 90% relative humidity to prevent excessive water loss of the cement paste. The samples are then unmoulded and kept for 21 days of maturation in a 20°C 50%RH chamber.

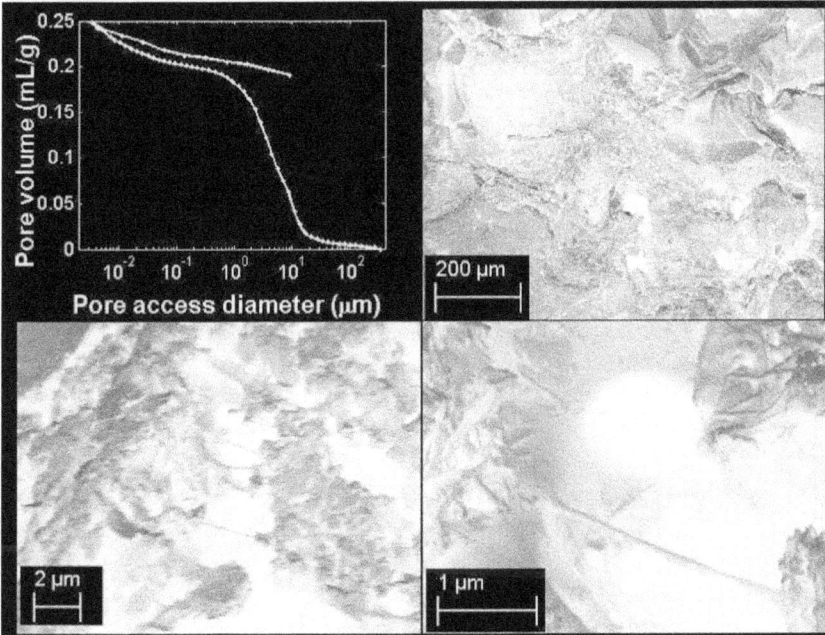

Figure V.4 :   Pore acces diameter distribution measured by mercury intrusion_extrusion porosimetry and insight on the material microstructure by SEM

After maturation, and prior to its mechanical and hygric characterization, the porous structure of the material was observed by mercury intrusion porosimetry (MIP) and scanning electron microscopy (SEM, see Fig. V.4). SEM Observation are performed on a SUPRA 45 Zeiss apparatus and observation parameters are ajusted (1keV, spot size 3, low WD, line averaging) so as to be able to image without any deleterious sample preparation (Gold or carbon coating, specimen drying). As shown by the MIP profile, most of the pores are accessible by cavities and channels between 1 and

10 μm of diameter, which are visible on the first SEM image. An important part of the pore volume is also present at smaller scales, as the slope of the intrusion profile is still important near the limit of mercury porosimetry. The other two SEM images shown on figure V.4. show polymer bridges and post formed over some of the cavities. Their brittlness is expected to be among the first signs of damage during mechanical loading, allowing expansion of the pores, extending the connectivity of the porous network and thus increasing the permeability of the material.

A total of 5 series of 16 plates was produced in the course of the study. All results presented in section 4 concern the last three series of samples, the first two having mostly been used to set up and optimize the experimental process. Since the conditions of sample manufacturing, ambient humidity and temperature in the laboratory can differ from one day to another, all comparisons of samples, in terms of hygric or mechanical properties, are made between samples of the same production series. This is to make sure that the measured differences in permeability are not due to outside factors.

V.4.2 Hygric caractérisation

Samples of dimensions 100×100×10mm^3 are extracted fromthe produced plates and insulated tomoisture on all faces but one, so that mass transfer can be considered unidimensional in all tests. The hygric characterization of the fibre reinforced mortar is ran inside a climatic chamber following two different pre-programmed variations of relative humidity.

The first program follows the Nordtest protocol [Rode 2003], which was originally proposed for the definition and experimental characterization of the moisture buffering capacity of building materials. The purpose is to recreate successions of high and low humidity phases, similar to either outdoor or indoor conditions in buildings, and to observe the rate and amplitude of the variations ofmoisture content in thematerials. In the present case, the chamber recreates cycles consisting of a high humidity step (8 hours at 75% relative humidity) and a longer low humidity step (16 hours at 33% RH) at a constant temperature of 23°C (see Fig. V.4). These 24h stages are repeated over several days, until two successive days of measurement present the same variations of moisture content. These measurements are then to be interpreted as explained in section V.3.2. for the comparison of the water vapour permeability of each sample. This approach also gives a direct outline of the behaviour of the material in ambient humidity conditions approaching in situ building conditions.

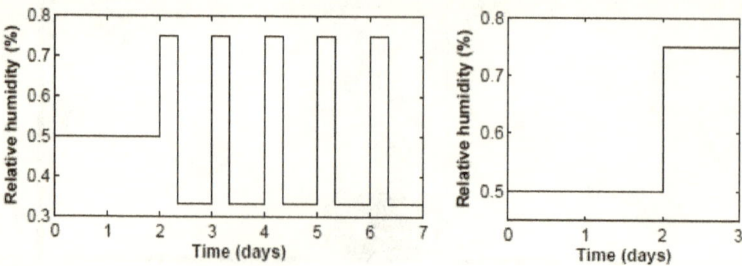

Figure V.5 : Relative Humidity programs : Nodtest protocol (left) and single step (right)

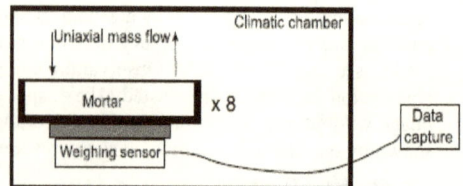

Figure V.6 : photos and sketch of a weight recording system

The right hand side program shown on Fig. V.5 is a single step from 50% to 75% relative humidity. The recorded mass uptake as response to this step is interpreted following section V.3.2. The purpose of this program is to dispose of a longer period of time in order to try to approximate the moisture intrusion rate with equation 11, from which the permeability and convective mass transfer coefficient can be deduced.

In both cases, a constant humidity is imposed during the first 48 hours, in order to reduce the mass uptake rate before the start of the stepwise variations, although equilibrium is not strictly reached. The samples are placed on up to 8 weighing systems continually recording their mass without the need to take them out of the chamber, thus avoiding disturbances in the ambient humidity level (see

Fig. V.6). The scales measure mass with a precision of 10^{-3}g, and are set to provide averaged values of 20 consecutive weighings every 10 seconds to reduce noise effects in the results.

V.4.3 Mechanical caractérisation

Prior to hygric characterization, different levels of damage are mechanically applied to the samples by tensile loading beyond their limit of elasticity. A 5KN cell was used, the displacement speed was constant and equals 1mm/min, displacement were measured with a video extensometer. As a first step, the behaviour of the mortar is observed with a full mechanical loading at constant displacement rate, for the estimation of the peak strain and elastic modulus of the material (see middle of Fig. V.7). Repeated observations show that the macroscopic fracture initiates during the strain-softening phase subsequent to the peak strain ε_{peak}.

In order to apply diffuse microscopic damage on the samples for hygric characterization, tensile loading on these samples is manually interrupted at arbitrarily chosen values of strain preceeding the peak strain, as shown on the right side of Fig. V.6.

The diffuse damage induced by this mechanical loading is characterized by a single scalar value D, defined as the relative change in their Young modulus [Mazars 1989]:

$$D = 1 - E_e / E_0 \tag{16}$$

where E_0 is the initial elastic modulus and E_e is the effective modulus after unloading, as shown with dotted lines on Fig. V.6. D spans from 0 for untouched materials to 1 for fully fractured samples, although this value is not reached within the frame of this work.

Among the tested series of samples, the value of the scalar damages reached with tensile loading span from 0 (samples kept intact) to 0.7 (before peak stress), higher damage being difficult to reach without causing a macroscopic crack initiation.

After unloading, the central part of each plate is cut out for use in the climatic chamber.

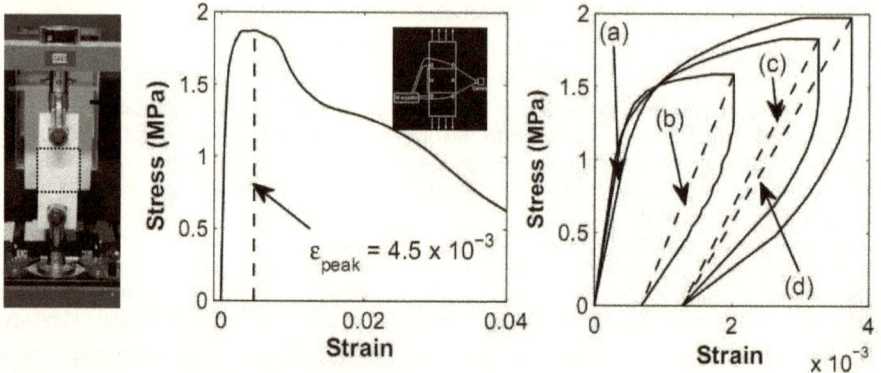

Figure V.7 : Stress-strain profile of fiber reinforced mortar and qualitative evolution of the elastic modulus after unloading

V.5. Results and discussion

Each of the two methodologies presented in section V.3.2 was applied with its corresponding humidity program in order to simultaneously measure the permeability of multiple samples. The advantages of each method are then summed up as a conclusion.

V.5.1.   Nordtest measurements

Under the hypotheses formulated in section V.3.2, the permeability of one of the bar samples placed in the climatic chamber is proportional to the square of the slope of mass uptake versus square root of time. Such a mass uptake during one of the high humidity steps of the Nordtest protocol is shown on two samples in Fig. V.8, along with a linear approximation.

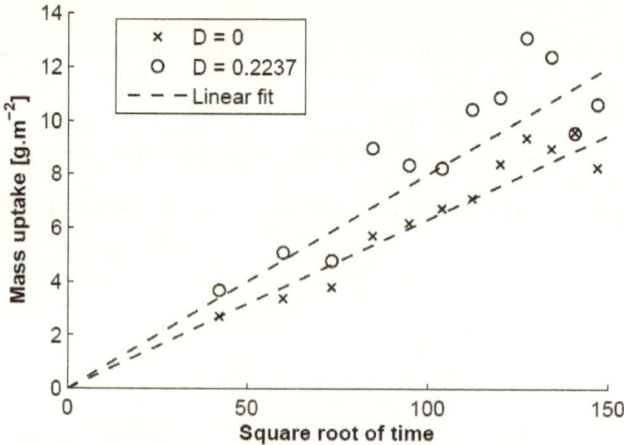

Figure V.8 : Exemple of mass uptake versus square root of time after a stepwise increase to 75% RH

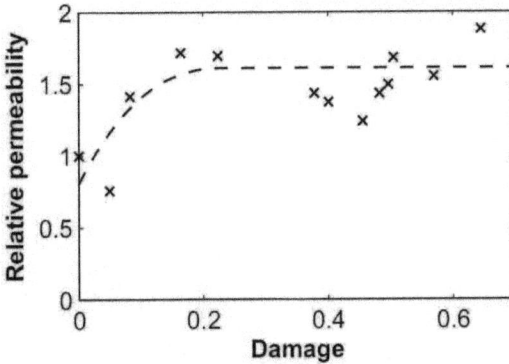

Figure V.9 : Measured relative permeability of the series of samples and approximation

Although this method does not allow for determination of the exact value of the water vapour permeability, it is possible to compare its value among all simultaneously weighted samples. Therefore, each time the humidity program is launched, some of the scales in the chamber are occupied by non-damaged samples and the remaining scales by variously damaged samples. Each one is characterized by the ratio of its mass uptake rate to the mean mass uptake rate of the intact samples during high humidity phases of the Nordtest protocol (see Fig. V.7).

According to this definition, the value of the relative permeability is set to 1 for $D = 0$. Each point of Fig. V.8 represents one of the samples and its relative permeability presented on the graph is the mean value for all the high humidity steps it has been subjected to, in order to reduce the uncertainty of the mass measurements. A trend can be observed, showing a potential permeability increase of up to 50% in the material before macroscopic fracture propagation. Although the uncertainties are quite high due to the high heterogeneity of the material and the characterization of damage by a single value for the entire surface of the sample, repeated measures show a noticeable trend for an increase in water vapour permeabilities together with an increase in the damage values D.

In order to have an insight on the consequences of such increase in permeability, the transport equation for moisture transfer is then implemented into a simple algorithmusing 1D control volume method with an implicit temporal discretization. The setup of the simulations is the same as in the experiments (see Fig. V.5). The humidity profile within the material is computed at each time step and summed over the domain to obtain the total water content per unit surface plotted versus the time of the simulation. Some results of these simulations are shown on Fig. V.10 for a 24 hours phase. Results are displayed as a mass uptake by unit surface.

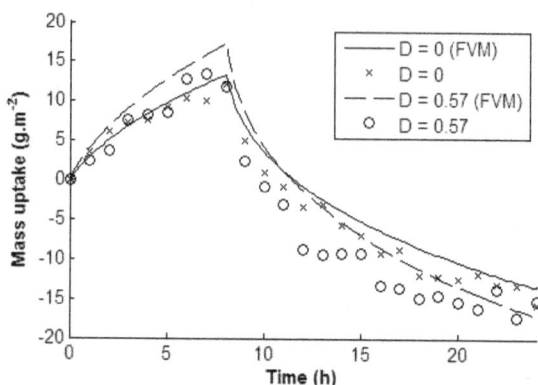

Figure V.10 : Mass measurements during one day of the Nordtest program and corresponding profiles computed by finite volume simulations

The transport coefficients used here are set as follows: the mass evolution of a raw sample ($D = 0$, crosses) is approached with an empiric value of δ_p (continuous line). This permeability is then raised by 50% and the resulting computed mass profile is compared to measurements of a damaged sample ($D = 0.57$, circles). The measured profile for this sample shows the same behaviour than the simulation, as the amplitude of the moisture variations observed at the end of the humidity step is significantly higher. In both simulations and experiments, an increase of 50% permeability results in a 20% higher amplitude of the daily moisture fluctuations.

One interesting result is the fact that the equilibrium moisture content of the material was considered unchanged by any amount of damage imposed to the material. As earlier explained, although cracks represent preferential paths for moisture transfer and a global decrease of the tortuosity of the porous network, the additional surface they provide is small compared to the total pore area. The 20% increase in the amplitude of daily moisture content fluctuations was reached only by setting the dynamic transfer property of the material (water vapour permeability) to its recorded value for samples which do not present any visible crack.

V.5.2.   Resolution of the transport equation

In addition to the study of water vapour adsorption during daily humidity cycles, the permeability is also estimated by attempting to coincide expression 11 with the measured mass uptake during a high humidity step. For this study, the programming of the climatic chamber consists in a single 24h stage of 75% relative humidity, following a supposed equilibrium state of 50% RH, since the resolution of the one-dimensional transport equation is based on the hypothesis of a uniform initial moisture distribution. These measurements are then used as an input for the Levenberg-Marquardt algorithm presented in section V.5.2 for an attempt at the estimation of (δ_p, ξ, h_p). Although the surface transfer coefficient h_p is not a material property, its value is unknown for the present experimental configuration (ventilated climatic chamber).

The procedure for calculating transfer properties consists in three steps:
1.   The algorithmis first ran considering all three parameters as unknown.

2.   The moisture capacity ξ is set to a known value, as the sorption isotherm was previously measured in this humidity range, and the algorithmis then ran considering the two remaining parameters as unknown.

3.   The surface transfer coefficient is then set to its average value calculated at step 2, as it is not a material property. The algorithmis then finally ran for calculation of the permeabilty δ_p only.

The first step, simultaneous estimation of all parameters, resulted in estimates of the moisture capacity ξ far from their measured values. Such an estimation of the moisture equilibrium content based on only 24 hours of measurements is quite inaccurate, also because the water vapour permeabilty is to be estimated at the same time. Anderberg and Wadsö [2008] also presented a method for simultaneous approximation of the sorption isotherm and permeability based on a stepwise change in relative humidity. As the authors noted, the diffusion coefficient can be estimated within the first hours of measurements from the slope of the mass uptake curve versus square root of time. The sorption isotherm however is obtained from extrapolation of the equilibrium mass before it is reached, and an early interruption of the measurements usually leads to an inaccurate estimation. Similar results are found in the present study, as trying to calculate ξ from only 24 hours of mass uptake measurements results in erroneous estimates of the sorption isotherm.

Tableau III. : Step 2 : simultaneously computed values of the water vapour permeabilty and surface transfer coefficient

D	0	0.401	0.497	0.689	0.697
δp [kg.Pa^{-1}.m^{-1}.s^{-1}]	6.57×10^{-13}	10.7×10^{-13}	8.43×10^{-13}	7.87×10^{-13}	7.97×10^{-13}
hp [kg.Pa^{-1}.m^{-2}.s^{-1}]	7.94×10^{-9}	11.5×10^{-9}	9.10×10^{-9}	6.04×10^{-9}	7.03×10^{-9}

Tableau IV. : Step 3 : final computed values of the water vapour permeabilty

D	0	0.401	0.497	0.689	0.697
δp [kg.Pa^{-1}.m^{-1}.s^{-1}]	6.55×10^{-13}	11.7×10^{-13}	8.51×10^{-13}	7.70×10^{-13}	7.80×10^{-13}

The second step corrects this fault by setting a constant value of ξ for all samples, which has been measured prior to the tests. The algorithm is then used to estimate the surface transfer coefficient and the water vapour permeabilty. This simplification is made possible by the fact that the slope of the sorption isothermis assumed to be undisturbed by the presence of cracks and therefore is not considered a function of D. Five samples were used for this step of the calculation, which results are shown in table 8. An increase in the water vapour permeabilty with increasing values of D can be noticed, although different values of hp are also obtained for all samples.

The third step of the calculations is justified by the following: the climatic chamber in which the samples are placed is well ventilated and it is likely that the surface transfer coefficient should have similar values on all samples, as it is not a material property. Therefore, h_p was set on all samples to the average of its values obtained at the previous step (8.23×10^{-9} [kg.Pa^{-1}.m^{-2}.s^{-1}] and the algorithm was finally ran considering the permeabilty δ_p as the only material property left to estimate. Results of this last step are shown on table IV and figure 10.

These computations result in the same observations as earlier, as the water vapour permeabilty increases with moderate values of D and tends to remain stationary for higher values.

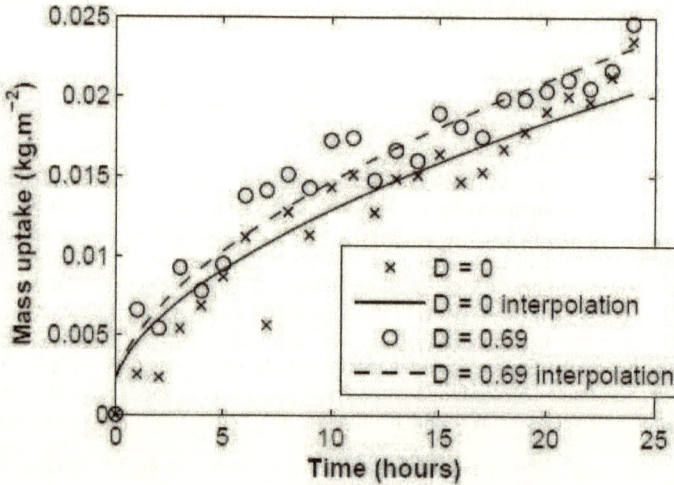

Figure V.11 : Damaged and undamaged samples during the first humidity step and fitting of the water vapour.

V.6. Conclusions

Two methods were presented for the estimation of the influence of damage on the water vapour permeability of building materials such as mortar. The main asset of these methods is to allow for comparison of multiple samples in which the water vapour adsorption rate is measured at the same time.

The first method used in this study, based on alternative low and high humidity steps, gives a direct estimate of the behaviour of the material placed in realistic climatic hygric conditions and allows to compare the permeability of several samples which sorption isotherm is not necessarily known.

The second method is directly based on the resolution of the one-dimensional moisture transport equation and also allowed the estimation of the convective mass transfer coefficient in addition to the moisture diffusivities of the samples.

In both cases, a trend can be noticed in a fast increase in water vapour permeability for earlier stages of damage, followed by a plateau for higher values of D. This can be explained by the fact that the first signs of damage occur quickly once the applied stress exceeds the elastic strengh of the material, causing a drop in the global tortuosity of the porous network. Further loading increases the width of these discontinuities rather than their number, which might explain a slower increase in permeability, or its decrease when higher stresses tend to concentrate on a single crack tip which will close neighboring microcracks when propagating.

Loading stages beyond the peak strain have not been investigated here, but it is expected that the water vapour permeabilty is far less influenced by macroscopic fractured than the liquid conductivity, which can rise on several orders of magnitude between intact and cracked samples [Pijaudier-cabot 2009].

The increase rate of δ_p with the damage value is most likely to be influenced by the nature of the material itself, as the degradation of the elastic modulus can be caused by various forms of microstructural dislocations or, in the case of cementitious materials, of interfacial debondings. The particular formulation of mortar used in this work was specifically designed as to be less brittle as standard cement paste and to present an important diffuse damage before failure, so the observable increase in water vapour permeability might be lower for other cementitious materials.

This characterization of δ_p as a function of a scalar damage value, combined with studies on the evolution of the liquid phase conductivity [Pijaudier-cabot 2009], can allow the numerical simulation of moisture transfer in existing buildings covering the entire range of relative humidities, i.e. in both liquid and gaseous phases. The additional variable D can be considered an intensive physical property and computed using mechanical models applied to the simulated building along with the moisture transfer simulations.

Further studies on the subject are to be lead, as to closely follow the progressive formation of microscopic defaults in the porous matrix during mechanical loading, using nondestructive techniques which are commonly used for studying fracture processes in building materials [Shah 99], in order to dispose of quantitative measurements of the fracture network geometry to link with the measured permeability of the mediumat macroscopic scale.

V.7. Références chapitre V

Anderberg A. and Wadsö L.. *Cement and Concrete Research*, 38(1), 2008 89 – 94.
Bazant Z.P. andOh. B.H. *Materials and Structures*, 16 , 1983, 155–177.
Bazant Z.P. and Raftshol W.J.. *Cement and Concrete Research*, 12, 1982, 209–226.
Berkowitz B.. *Advances in Water Resources*, 25(8-12) , 2002, 861 – 884.
Blocken B. and Carmeliet J.. *Journal ofWind Engineering and Industrial Aerodynamics*, 92(13), 2004, 1079 – 1130.
Carmeliet J., Descamps F., and Houvenaghel G.. *Transport in PorousMedia*, 35, 1999, 67–88.
Carslaw H. S. and Jaeger J. C.. *Conduction of Heat in Solids*. Oxford, 1959.
Chalencon F.. *Etude des intéractions rhéologie, fissuration et microstructure pour le développement d'un outil de formulation : application auxmortiers poreuxminces fibrés dédiées à l'ITE*. PhD thesis, INSA Lyon, 2010.
Elaqra H., Godin N., Peix G., R'Mili M., and Fantozzi G. *Cement and Concrete Research*, 2007 37(5), 703 – 713.
Garbalinska H. *Cement and Concrete Research*, 36(7) , 2006, 1294 – 1303.
Garbalinska, H. Kowalski S. J., and Staszak M.. Linear and non-linear analysis of desorption processes in cement mortar. *Cement and Concrete Research*, 40(5), 2010, 752 –762.
Hagentoft C.-E.. *Introduction to Building Physics*. Studentlitteratur AB, 2001.
Janssen H., Blocken B., and Carmeliet J. *International Journal of Heat andMass Transfer*, 50(5-6), 2007, 1128 – 1140.
Kwiatkowski J.. *Moisture in buildings, air-envelope interaction*. PhD thesis, Institut National des Sciences Appliquées de Lyon, 2009.
Marquardt D. *SIAMJournal of AppliedMathematics*, 11, 1963, 431 – 441.
Mazars J. and Pijaudier-Cabot G. *Journal of Engineering Mechanics*, 115, 1989, 345–365.
Mazars J. and Pijaudier-Cabot G. *International Journal of Solids and Structures*, 33(20-22), 1996, 3327 – 3342.
Pijaudier-Cabot G., Dufour F., and Choinska M.. Permeability due to the increase of damage in concrete : from diffuse to localized damage distributions. *Journal of EngineeringMechanics*, 135, 2009, 1022–1028.

Torrenti J.M., Comportement mécanique du béton, bilan de six années de recherche, 1996, 109p, presses LCPC

Rode C.. Workshop on moisture buffer capacity - summary report. Technical report, Department of Civil Engineering, Technical University of Denmark, 2003.

Rode C., Peuhkuri R., Hansen K. K., Time B., Svennberg K., Arfvidsson J., and Ojanen T..Moisture buffer value of materials in buildings. In *Proceedings of the 7th Nordic Building Physics Conference*, 2005.

Roels S., Moonen P., De Proft K., and Carmeliet J.. *Computer Methods in Applied Mechanics and Engineering*, 195(52) , 2006, 7139 – 7153.

Roels S., Vandersteen K., and Carmeliet J.. *Advances in Water Resources*, 26(3), 2003, 237 – 246.

Réthoré J., de Borst R., and Abellan M.-A., *International Journal for NumericalMethods in Engineering*, 71 , 2007, 780–800.

Gregor A. Scheffler and Rudolf Plagge. *International Journal of Heat andMass Transfer*, 53(1-3), 2010, 286 – 296.

Shah S.P. and Choi S.. *International Journal of Fracture*, 98 , 1999, 351–359.

Steeman M., Janssens A., Steeman H.J., Van Belleghem M., and De Paepe M... *Building and Environment*, 47, 2010, 865–877.

Xu K., Daian J.-F., and Quenard D.. Multiscale structures to describe porous media - part 1 : theoretical background and invasion by fluids. *Transport in PorousMedia*, 26, 1997, 51–73.

Xu K., Daian J.-F., and Quenard D.. Multiscale structures to describe porous media - part 2 : transport properties and application to test materials. *Transport in PorousMedia*, 26, 1997, 319–338.

Wetzel A., Herwegh M., Zurbriggen R., Winnefeld F., Influence of shrinkage and water transport mechanisms on microstructure and crack formation of tile adhesive mortars, *Cement and Concrete Research*, 42, 2082, 39-50.

VI. Conclusions et perspectives

VI.1. Introduction

En presque 11 ans, mon parcours d'enseignant chercheur est composite, et m'a amenée à explorer des applications matériaux différentes, à m'insérer aussi bien dans des petites équipes universitaires que dans des institutions ou des laboratoires de taille conséquente à enseigner en Institut Universitaire de Technologie, en Master et en Ecole d'Ingénieur. J'ai veillé à ce que l'ensemble des actions auxquelles j'ai collaboré en tant qu'acteur ou coordinateur conduise à un projet professionnel cohérent centré sur **les éco-matériaux et les liens propriétés / microstructures**. Avec le recul de la rédaction de ce manuscrit, trois axes me semblent pertinents :

(i)   Le point de départ de tous les travaux est une recherche sur les **éco-matériaux** et plus particulièrement sur une volonté de préserver les ressources, soit **minérale** (pour la partie intégration d'éco-matériaux ou de déchets dans la formulation), soit **énergétique** (pour le développement de nouveaux isolants décrit dans le bilan scientifique), soit **minérale et énergétique** (pour la compréhension des pathologies visant à étendre la durée de service des barrages atteint d'alcali-réaction)

(ii)   Qu'elles soient en amont ou proches de la production toutes les recherches ont nécessité **une ouverture scientifique et un travail transverse important**. La confrontation des méthodes et des techniques, l'écoute des attentes, la recherche d'un vocabulaire commun pour transcrire les résultats sont des étapes enrichissantes partagées par des doctorants, des encadrants motivés tant par les enjeux scientifiques que contractuels.

(iii)   Dans le chœur de mes travaux, je me suis appliquée à mettre en place **des passerelles travaux expérimentaux / travaux de modélisation** cohérentes et fondées. Ce qui implique tout d'abord de comprendre les modèles utilisés, leurs limites et leur utilité, mais aussi de concevoir des essais avec une approche statistique tant sur leurs réalisations que sur leurs exploitations.

(iv)   Enfin, j'ai toujours été vigilante à maintenir un **équilibre enseignement / recherche** ou **développement** de connaissance / **transmission** de savoir-faire soit au travers de la production scientifique, ou de plateformes pédagogiques.

Aujourd'hui les mots développement durable et éco-matériaux sont systématiquement énoncés dans les projets de recherche et on pourrait donc craindre que ces thèmes de science des matériaux soient dépassés.

Pourtant au niveau de la formulation de matériaux thermo-structurés, la durabilité et les indicateurs de durée de vie sont au centre de toutes les réflexions. Les connaissances évoluent, les outils sont plus pertinents mais de nombreuses questions demeurent quant à la formulation d'éco-matériaux durables. C'est un thème porteur passionnant qui sera au centre de mon projet de recherche.

VI.2. Projet de recherche moyen terme

Découvrir

Mon parcours est **un mur composite**, chaque brique qui le constitue a **structuré, et renforcé le chercheur** que je suis aujourd'hui. Aucune des briques n'est au même niveau d'achèvement, certaines sont complètes, d'autres ne comportent encore qu'un début d'architecture. Chaque brique peut être vue comme un domaine d'application, que j'ai découvert et approfondi.

Certains domaines comme **la formulation à base de déchets** [Rap1- Cint1] **l'industrialisation sur site de préfabrication** de formulations innovantes, ou **l'encapsulation de**

déchets toxiques sujets traités lors de mon Doctorat [rap1-4] et de mes activités industrielles **sont révolus** du coté scientifique mais contribuent à tisser un réseau de contacts industriels (cimentiers, adjuvantiers, préfabriquants, cerib) et sont encore valorisées aujourd'hui notamment pour les activités d'enseignement en master professionnel. Ils ont nécessité une compréhension des rouages et des enjeux de l'industrie, une ouverture au marketing, à la qualité et au processus de normalisation des produits [Cinv3]. Une implication forte dans le management humain, et dans la formation du personnel. Une acceptation des arbitrages économiques et financiers en tant que contraintes intervenant à part entière dans la réalisation d'un projet [Cinv1-2].

Quelques uns comme **l'étude de l'alcali réaction appliquée aux barrages** sujet traité notamment lors de la thèse de S. Poyet **sont à leur terme** car l'**outil de prévision** de la cinétique de la réaction, et **le modèle 3D de prévision des contraintes dans les barrages** sont maintenant **opérationnels**. Ma formation très proche de l'expérimentation [Cint9] était mise en valeur dans ce projet, c'était le maillon manquant nécessaire à l'équipe d'Alain Sellier au LaM pour construire un model prédictif des gonflements sur structure réelle en s'appuyant sur des modèles micro-macro. Ce travail d'équipe m'a conduite à apprendre énormément sur les modèles d'homogénéisation [Cint4-Cint8], leur formulation, leur sens physique et leurs limites. Outre un domaine d'application, je découvrais par la même occasion un acteur R&D EDF et son organisation particulière en projet et en centre. Les relations scientifiques fortes construites avec EDF-MMC (S. Prenet) et EDF-CEMETE (E. Bourdarot) autour du verrou scientifique pathologie / outil virtuel [Cinv4] ont **ouvert la coopération à un autre domaine d'application : l'enveloppe du bâtiment**. Le partenariat s'est par conséquent étendu au EDF-ENERBAT (PH Milleville, JL Hubert) qui gère en relation avec EDF-MMC (B. Yriex et E. Mancion) ces études. .

D'autres comme les thèses Navier [A. Fabbri, et H. Sabeur] sont construites sur la même démarche de symbiose expérimental/numérique mais appliqué à des **pathologies en lien avec les températures extrêmes** respectivement le gel/dégel et la tenue au feu. L'ENPC via les travaux de H.Colina apporte les installations de fluage en températures extrêmes sur Béton, **sécurité et refroidissement** des capteurs sont les verrous technologiques. Le LCPC via les travaux de T. Fenchong apporte la connaissance **des modèles d'homogénéisation**. Ma mutation à L'Université de Lyon a mis un point d'arrêt à ces thématiques pour des raisons internes à l'Institut Navier.

La brique initiée lors de mon arrivée à MATEIS, présentée dans le bilan scientifique que vous venez de parcourir, est la plus actuelle. Elle vise à concevoir **un outil de 'formulation virtuelle' pour architecturer des matériaux isolants innovants**, et se décline en deux sous domaines distincts, l'Isolation Thermique par l'Extérieur (ITE) et l'Isolation Thermique par l'Intérieur (ITI). Elle implique, de la fonctionnalisation de matériau, de la caractérisation de matière première, de la formulation, le développement d'outils innovants et un relationnel complexe et conséquent : fournisseurs matériaux, procédés et institutionnels (ADEME, Normalisation, Brevet). Les ressources mobilisées sont diversifiées, thèse avec un financement industriel [S. Poyet], thèse région [S. Rouchier], coopérations avec le CETHIL[6], 3SR[7] et la DTU à Copenhague, mais également en interne avec les équipes Métal, SNMS[8] et ENDV[9] de MATEIS. Je m'implique **moins dans la réalisation au quotidien et plus dans les montages de projet, la cohérence et la valorisation** des résultats. Le domaine est nouveau par l'aspect rénovation du bâti et par la diversité de l'application finale (maçon, peintre ou plaquiste). Le cœur de conception est identique, mais les verrous technologiques liés à la mise en forme, aux conditions de conservation, aux seuils de durabilité sont distincts. C'est également le second projet qui implique pour moi **une stratégie de protection de l'innovation**, associé à une stratégie de publication dès la conception. La coordination nécessite par conséquent des arbitrages sur les priorités.

---

[6] Centre d'études de thermique et ingénierie de Lyon, laboratoire mixte INSA_UCBL_UMR
[7] 3SR, laboratoire INPG
[8] Strucutres nano et microstructures, equipe MATEIS
[9] Evaluation non destructive et durée de vie, equipe MATEIS

D'autres comme l'étude des interactions entre partie minérale / partie organique ou la compréhension des propriétés mécaniques des fibres **sont des projets de fond** qui s'étoffent dans la durée par la maitrise de **nouvelles techniques de caractérisation** [Cinv5] et l'appropriation progressive **des outils de modélisation** et des approches statistiques [Cnat6]. Ces projets impliquent des coopérations avec l'équipe du Pr. Nonat à Dijon, l'équipe de M. Gomina au CRISMAT, l'équipe de P. Groussot à l'ENSME, et des interactions fortes avec les microscopistes de MATEIS. Les sources de financement sont des projets CEReM[10], des projets région, et des projets de fin d'étude SGM. L'ouverture se fait essentiellement pour moi par l'implication dans des communautés scientifiques nouvelles la **communauté composite** [Cint13], la communauté **frottement intérieur** [Cint17], et la **communauté bâtiment** [Cint16] distinctes du génie civil.

Comprendre

Comprendre les relations porosité / propriétés :

Propriétés **d'échange avec le milieu extérieur** dans le cadre de l'encapsulation des déchets. Certains liants offrent certes une porosité totale faible, mais un diamètre de capillaire ultra fin et une tortuosité importante qui favorise les échanges avec l'extérieur au détriment des capacités de rétention [P1.]. La connaissance fine des caractéristiques du réseau poreux et la définition d'indicateurs sont nécessaires. En parallèle, la chimie complexe des liants, et en particulier la distribution statistique de leurs performances sur l'année en fonction de paramètres divers (ex : évolution des matières premières et des comburants, âge du réfractaire, durée de stockage en silo) impose une analyse paramétrée des performances [P2.]. En effet, ces changements influent peu au regard des performances mécaniques normatives d'un liant (CPA CEMI 52.5R…95% de chance d''avoir une résistance mécanique sur mortier normalisé de 40 MPa à 28j) mais énormément au regard des performances de piégeage d'un liant.

Propriétés **barrières** dans le cadre du développement de nouveaux **produits préfabriqués gel/dégel** pour le génie civil. La fermeture de la porosité en peau, limite les échanges hydriques, et ouvre la possibilité de ne pas utiliser d'agent entraîneur d'air dans les formulations bétons [Cinv3]. L'interaction complexe entre (i) le produit décoffrant organique, la surface métallique du coffrage, la formulation béton, le système de vibration, le cycle de maturation ou (ii) la surface (époxy ou polyuréthane) du coffrage, la formulation béton et tout particulièrement son squelette granulaire, le cycle de maturation permet via la formulation d'obtenir des parements de qualité et une porosité fermée en surface. Ces bétons sont très peu sensibles à la reprise d'eau par capillarité, et n'utilise pas d'entraineur d'air ce qui induit une procédure de contrôle allégée en interne et par les auditeurs NF. La démarche de conception proposé aux clients (ADP[11], SNCF, France Telecom, SAP2R[12]) migre ainsi vers une spécification des propriétés et non plus une obligation de moyens. La partie science des matériaux est recentrée chez le préfabriquant avec des fournisseurs partenaires.

Propriétés **de voisinage** dans le cadre de **l'alcali-réaction**, les pores situés auprès des granulats jouent le rôle de vase d'expansion pour le gel réactif formé et/ou la déstructuration du réseau siliceux. Appréhender le volume équivalent qu'ils constituent au voisinage de chaque classe granulaire de granulat réactif est impératif pour alimenter le modèle mécanique associé et approcher la mesure de l'expansion [P5-P7].

Propriétés **mécanique et hygrique** dans le cadre des **enduits ITE**, les pores représentent des défauts au sens de la mécanique et leur présence limite les propriétés en traction. Architecturer la

---

[10] Centre d'études et de recherche sur les enduits et les mortiers
[11] Aéroport de Paris
[12] Société Autoroutes Paris Rhin Rhône
Geneviève Foray-Thevenin
Habilitation à Diriger des Recherches 2012   Page 83

porosité, utiliser des polymères dont la Tg est proche de l'ambiance et qui ont une aptitude à filmifier en créant des porosités fermées de taille contrôlée, induit une multi-fissuration orientée, et une aptitude à assurer la perméabilité vapeur de l'enduit. La stéréo-corrélation sur éprouvette CETE amène une caractérisation de l'énergie de fissuration et de la propagation des fissures [Cnat4-5]. La tomographie montre que les clusters formés localement par les pores et les enveloppes polymères associées [P13] influencent positivement les résistances en traction [P12]. La diffraction des rayons X in situ lors d'essai de reprise d'eau par capillarité confirme l'imperméabilité à l'eau liquide sur matériau non fracturé et sur matériau fracturé [Cint14-16]

Propriétés **thermiques** dans le cadre de l'ITI, une porosité confinée inférieure à 100nm en taille à une conductivité 5 fois plus petite d'une porosité non architecturée [Cnat7, P11]. Le travail exploratoire de Benoit Morel [Postdoc. 3] ouvre des **perspectives** qui se concrétiseront fin 2011 par un renforcement des moyens humains associés à cette thématique. Comprendre l'organisation des pores d'un matériau isolant en relation avec ses propriétés de conductivité thermique et simuler cette conductivité pour des architectures virtuelles de matériau est un travail qui nécessite une approche multi-échelle [D6., thèse Bao Tran Trung] et la définition d'outils expérimentaux aptent à traduire de manière statistique l'organisation à l'échelle nano des matériaux [D7., thèse Anouk Perret]. Ces deux thèses fournissent un travail en amont, sur un nombre volontairement réduit de microsctructures pour apporter des éléments de compréhension sur les relations compacité / conductivité. Le projet SIPA-Bat ADEME associé prévoit ensuite une phase de pré_industrialisation via un postdoctorat de 12 mois, qui appliquera les outils développés à un large champ d'isolant thermo-architecturé.

Proposer de descripteurs matériau statistiques pertinents

Notamment pour étudier **la distribution en taille des défauts de surface des fibres céramiques**, connues pour leur comportement fragile en rupture. Une analyse fine des données de traction sur fil amène une mesure des défauts critiques au sens de la mécanique. L'étude montre que l'utilisation d'une loi normale caractérise correctement la distribution en taille de défaut sur fibre fragile peu enzymée, et corrèle bien avec l'information sur les défauts de surfaces remontée via une analyse AFM.

Mais aussi pour quantifier **les fractions volumiques de latex** respectivement filmifiées, ou associées à des hydrates. L'étude présentée au chapitre III vient en complément de plusieurs thèses CEReM[13] (F. Daihni sur les interactions ciment/latex, P. Nicot sur les mortiers techniques et L. Patural sur les interactions ciment éther de cellulose). Elle se continue avec un protocole identique sur d'autres latex Ethyl Vynil Acétate et Styrène Butyl Acrylate appuyée par des projets courtes durée, et permet peu à peu de construire une base de connaissances sur les interactions ciment/latex et les techniques de caractérisations (imagerie FTIR, FIB, TEM)

Enfin pour quantifier **la distribution en taille des nano-porosités** (<100nm) dans les matériaux de type xérogels). Ces matériaux nanoporeux comportent jusqu'à 95% de porosité, et sont obtenus par des voies variées de synthèse, associées ou non à des traitements hydrophobants. Ils sont disponibles à l'état laboratoire pour les produits émergeants, mais aussi à l'état depuis peu à l'état industriel sous forme de classes granulaires. La précision de mesure recherchée est inhabituelle, et se heurte à des problèmes de dépouillement puisque le matériau est compressible. Un couplage de mesures : globale empruntée au domaine des sols argileux (oedomètre) et locales (porosimètre mercure non intrusive, BET, MET) est envisagé pour déterminer le coefficient de compressibilité des classes granulaires et la présence de microporosité, et caractériser les poutres enchevêtrées qui délimitent les pores inférieurs à 100nm.

---

[13] Centre d'Etude et de Recherche sur les Enduits et les Mortiers, consortium de recherche porté par le CSTB

Partager

Concevoir des outils expérimentaux réduisant les biais expérimentaux

Dans le cadre de la thèse de Stéphane Poyet [D1] un prototype de moule jetable avec auto-centrage des capteurs de déformation, a été mis au point. Les temps d'élaboration sont divisés par 5, les formulations de l'étude paramétriques peuvent ainsi toute être élaborées le même jour, ce qui facilite énormément la réalisation et le dépouillement des cinétiques de prise de masse et de gonflement en ambiance hydrique contrôlée.

Dans le cadre de la thèse de Hassen Sabeur [D2] un prototype de moule polyester armé, et chaussette silicone avec guide de placement des thermocouples a été développé en remplacement des moules manufacturés à la pièce. La position des thermocouples en Z et la distance au parement sont ainsi fixées avec une tolérance de 0.1mm sur des éprouvettes de hauteur 640mm et de diamètre 160mm. L'investissement dans trois moules identiques rend possible l'élaboration sur une semaine de deux formulations différentes avec un cycle de maturation identique. Les post-corrections nécessaires sur les mesures thermiques pour tenir compte des positions 'vraies' non répétitives sur les moules manufacturées sont supprimées, l'analyse rigoureuse des données de fluage thermique transitoire est grandement facilitée.

Dans le cadre de la thèse de Florian Chalencon [D4] des prototypes de moule silicone double peau de largeur variable permettent d'élaborer en une seule coulée gravitaire toutes les éprouvettes nécessaires. C'est ensuite au niveau de l'observation de ces éprouvettes lors des essais d'extraction de mèche et de fissuration entaillée, qu'un montage astucieux permet de solidariser un microscope optique à la traverse de la machine de traction. Observer et enregistrer in situ un champ large lors d'un essai de traction, sur une éprouvette de taille représentative tout en conservant la possibilité de se focaliser sur ce qui se passe au niveau d'une fibrille particulière sur le faciès de rupture apporte des éléments de connaissance importants.

Dans le cadre de la thèse de Simon Rouchier [D5] un banc de mesure de sorption dynamique à 8 postes est développé et fabriqué en interne par les ingénieurs de recherche de MATEIS. Il permet d'effectuer dans une enceinte climatique des mesures de masse à 0.001g près, et par conséquent d'évaluer le différentiel de comportement entre plusieurs matériaux de construction lors de la maturation, ou lors de l'exposition à des créneaux thermo hydriques. Les matériaux très sensibles aux reprises hydriques peuvent enfin être caractérisés, tout comme les composites matériaux structurels/revêtements.

Animer des groupes transverses sur une thématique scientifique commune

Le domaine des composites pour l'aérospatial étend ses recherches vers les fibres minérales et bio-sourcées. Ces matériaux sont utilisés depuis l'antiquité en construction et ont prouvé leur durabilité, toutefois l'approche lié à leur caractérisation reste très empirique. J'ai co-organisé la réunion du groupe de travail mixte AMAC-ECAMAT (INSA Lyon, Juin 2011) sur les éco-matériaux pour la construction, et une journée scientifique européenne est en cours de montage pour 2013 sur cette même thématique.

Le thème des relations propriétés/microstructures est souvent transverse à plusieurs équipes de recherche, et les problématiques amonts sont partagées mais rarement mutualisées. En cause, en partie le manque de connaissances des activités scientifiques de chacun, et surtout de temps pour les appréhender. J'ai assuré à Marne la Vallée pour l'Institut Navier avec YJ Cui la codirection du groupe transverse sur les géomatériaux, et j'anime à MATEIS l'équipe matériaux de construction. Une journée scientifique annuelle permet d'une part la génèse de projets communs, et montre d'autre part la cohérence des actions scientifiques conduites.

Transmettre

La double casquette enseignant/chercheur peut être vue comme un déchirement ou l'occasion inespérée **d'initier des passions et d'éveiller des curiosités**. J'ai ainsi entièrement restructuré l'enseignement en licence/master des matériaux granulaires liantés au département de mécanique. La découverte de l'architecture des grains, des interactions grains/eau, et de la rhéologie des liants se fait via une série d'expériences 'Grains de Bâtisseurs' développée par Laetitia Fontaine et Romain Anger. En partant des expériences, et des 'à priori' qu'elles remettent en cause, les principes de formulations des matériaux granulaires liantés sont ensuite progressivement appréhendés. Au niveau master, des projets de conception trans établissement INSA_Université sont ensuite proposé pour impliquer les étudiants dans les dimensions multiples de l'acte de concevoir (structure/matériau/thermique/economie de la construction)

La légsilation française est peu proprice à l'intégration de produits ou de démarches innovantes, la mise au point des normes européeennes était donc une occasion conséquente d'évolution. J'ai participé à un comité normatif produit appuyé par un Benchmark Européen en tant que repésentante de l'industrie de la préfabrication. J'ai argumenté pour obtenir la reconnaissance d'une démarche à propriétés spécifiées en lieu et place d'une imposition de moyens. Le test d'aborption d'eau proposé et le couplage de valeurs seuils de reprise en eau avec une réduction des épaisseurs d'enrobages imposés ont été mis en place dans la proposition finale. J'ai ainsi énormément appris sur la complexité du circuit innovation matériau / reconnaissance normative applicable à tous.

Ouvrir et questionner

Découvrir, Comprendre, Partager et Transmettre sont les actions qui motivent mon parcours d'enseignant/chercheur. Cette synthèse montre clairement que mes activités ont développé ma curiosité scientifique et que chaque réponse apportée ouvre vers une nécessité d'approfondir des domaines connexes.

J'ai participé à la formation d'étudiants DUT, Master ou Doctorant mais aussi de personnels industriel et je mesure le chemin parcouru et le temps qui passe en les retrouvant à des postes de direction dans l'industrie, mais aussi comme collègues chercheurs dans des Congrès.

Je me suis impliquée dans des projets collectifs de conception, et c'est un plaisir pour moi de voir quelques années plus tard la curiosité de laboratoire passer au stade de réalisation industrielle (Béton Ultra Haute Performance, Béton Auto Plaçant en préfabrication, Réparation du barrage du Chambon sur 2012-2014 , etc…). Transmettre est un enrichissement important, favoriser une 'approche système' des problématiques comme je l'ai appris en master permet bel et bien d'ancrer les solutions dans la durée et d'assurer leurs durabilités.

J'ai commencé par réaliser des projets de recherche imaginés par d'autres puis j'ai évolué vers coordonner et hierarchiser des actions, je dévouvre la partie architecturer des projets de recherche avec le domaine des matériaux thermo-structurés, une aventure passionnante ancrée dans l'actualité. Le projet ADEME SIPA-bat se met en place après un temps de gestation important, les relations internationales commencent à se structurer, le partenarit EDF est ancré dans la durée, à nous chercheurs impliqués d'en exploiter les possibilités et les retombées.

Liste biliographique

Akkaya Y., Peled A., Shah S. P., Materials and Structures, 2000, 33, p. 515-524.

Anderberg A. and Wadsö L.. *Cement and Concrete Research*, 38(1), 2008 89 – 94.

ANR, « Appel à projet "Bâtiment et Ville Durable" ». Edition 2011.

Bazant Z.P. and Raftshol W.J.. *Cement and Concrete Research*, 12, 1982, 209–226.

Bazant Z.P. and Oh. B.H. *Materials and Structures*, 16 , 1983, 155–177.

Berkowitz B. *Advances in Water Resources*, 25(8-12) , 2002, 861 – 884.

Bertrand L., thèse Thèse de l'école doctorale matériaux INSA lyon 2004,

Blocken B. and Carmeliet J. *Journal of Wind Engineering and Industrial Aerodynamics*, 92(13), 2004, 1079 – 1130.

Boccaccini A.R, Rawlings R., Dlouhý I., Mater Sci Eng A347, 2003, 102-108

Bogner A, Thollet G., Basset D., Jouneau P.-H., et al. Ultramicroscopy, 104, 2005, 290-301

Brechet Y., Cavaille J.Y., et al. , Advanced Engineering Materials 3 (8), 2001, 571-77.

Calard V., Lamon J., Comp Sci Tech 64, 2004, 701-10.

Carmeliet J., Descamps F., and Houvenaghel G.. *Transport in PorousMedia*, 35, 1999, 67–88.

Carslaw H. S. and Jaeger J. C. *Conduction of Heat in Solids*, Oxford, 1959.

Chalencon F., Enduit auto-renforcé destine à l'isolation thermique par l'extérieur des bâtiments, Thèse INSA Lyon, 2010, p200.

Chalencon F., et al. Propriétés mécaniques de plaques en composite cimentaire renforcé par des fibres de verre, JNC16, 2009a.

Chalencon F., et al., Rheologica acta, 49, 2009b, p. 221-235.

Chalencon F. *Etude des intéractions rhéologie, fissuration et microstructure pour le développement d'un outil de formulation : application auxmortiers poreuxminces fibrés dédiées à l'ITE*. PhD thesis, INSA Lyon, 2010.

Chen C.P, Chang T.H., Materials Cherimistry and Physics 77, 2002, 110-116.

Chen Z. Chemical Physics letters 439, 2007, 105-109.

Chi Z., Wei Chou T., Shen G., J Mater Sci 19, 1984, 3319-24.

Chu T., Robertson R.E., ACBM, 1 (3) mars 94 122-30.

Coleman B.D. J, Mech Phys Solids 7, 1958, 60-70.

Cowking A., Attou A., Siddiki A.M., Sweet M.A.S., J Mater Sci 26, 1991, 1301-1310.

Daniels H.E., Proc R Soc A 183, 1945, 405-35.

Desai T. et al, Mechanical Properties of Concrete Reinforced with AR-Glass Fibers, 7th International Symposium on BMC, Warsaw, 2003, p. 223-232.

Desai T. et al, Mechanical Properties of Concrete Reinforced with AR-Glass Fibers, 7th International Symposium on BMC, Warsaw, 2003, p. 223-232.

Deville S., Chevallier J., attaoui H. El, J Am Ceram Soc 88, 2005, 1261-1267.

Douarche N., Rouby D.; Peix G., Jouin J.M., Carbon, 39 (10) 2001, p. 1455-65

Duthey R., Stage PFE Lafarge, 2997, 46p

Elaqra H., Godin N., Peix G., R'Mili M., and Fantozzi G. *Cement and Concrete Research*, 2007

Elfordy, S., Lucas, F., Tancret, F., Scudeller, Y. et Goudet, L. *Construction and Building Materials*, (22) 10: (2008) 2116-2123.

ETAG Guideline for European approval of Exterior Thermal Insulation Composite System 2000 87p

Etienne S., Cavaille JY, Perez J.., et al Review of scientific instruments, (53) 1982, 1261-1266.

Evans K.E, Cadduck B.O., Ainsworth K.L., J Mater Sci 23, 1988, 2926-2930.

Faucheu J., Chazeau L., Gauthier C., Cavaille J.Y. et al. Langmuir 25 (17), 2009 10251-10258

Foray G., Vigier G., Vassoile R., Orange G., Mater carac. 56 (4), 2006, 129-37.

Gao S.L., Mäder E., Abdkader A., Offermann P., Langmuir 19, 2003, 2496-2506.

Garbalinska H. *Cement and Concrete Research*, 36(7) , 2006, 1294 – 1303.

Garbalinska, H.   Kowalski S. J., and Staszak M.. Linear and non-linear analysis of desorption processes in cement mortar. *Cement and Concrete Research*, 40(5), 2010, 752 –762.

Gauthier C., Reynaud E., et al. Polymer 45, 2004, 2761-69.

Gregor A. Scheffler and Rudolf Plagge. *International Journal of Heat andMass Transfer*, 53(1-3), 2010, 286 – 296.

Grenelle II, loi 2010-788 du 12 juillet 2010

Hagentoft C.-E.. *Introduction to Building Physics*. Studentlitteratur AB, 2001.

Helmer T., Peterlik H., Kromp K. , J Am Ceram Soc 78, 1995, 133-136.

Houget V., Materials and structure 28, 1995, 220-29.

Ikai S., Construction and building materials 24, 2010, 171-80.

Ionascu C, Schaller R, Matérials Science and Engineering : A, 442, 2006, 175-78

Janssen H., Blocken B., and Carmeliet J. *International Journal of Heat andMass Transfer*, 50(5-6), 2007, 1128 – 1140.

Jolly-pottuz L., Bogner A., Lasalle A., Malchere A., et al, journal of microsopy 244, 2011, 96-100.

Jornsanoh P., Thollet G., Ferreira J., et al. Ultramicroscopy, 111(8), 2011, 1247-54.

Kaflou A., Etude du comportement des intefaces et des interphases dans les composites a fibres et a matrices ceramiques, ED matériaux de Lyon, these de doctorat, Mars 2006, 180p.

Kwiatkowski J.. *Moisture in buildings, air-envelope interaction*. PhD thesis, Institut National des Sciences Appliquées de Lyon, 2009.

Lanos C. & al, Construire et réhabiliter : vers quelles solutions d'isolation ?.*Matériaux 2010*, 18-22 oct 2010, Nantes.

Leung C.K.Y, Li V.C., J. Mech. Phys. Solids, 40, 1992, p1333-1362.

Li V. C., Structural Engineering/Earthquake Engineering, 10, 1993, p. 37-38.

Li V.C., et al., A, J. Mechanics and Physics of Solids, 39, 1991, p. 607-625.

Lin Z., et al., Concrete Science and Engineering, 1, 1999, 173-174.

Lin Z., Li V.C., J. Mech. Phys. Solids, 45, 1997, p763-787.

Lipscomb G.G., Denn M. M., Hur D. U., Boger D. V., J. Non-Newtonien Fluid Mech., 26, 1988, p. 297-325.

Loi 2005-781 fixant les objectifs de la politique énergétique du 13 juillet 2005

Marquardt D. *SIAMJournal of AppliedMathematics*, 11, 1963, 431 – 441.

37(5), 703 – 713.

Mazars J. and Pijaudier-Cabot G. *Journal of Engineering Mechanics*, 115, 1989, 345–365.

Mazars J. and Pijaudier-Cabot G. *International Journal of Solids and Structures*, 33(20-22), 1996, 3327 – 3342.

Morlat R., Godard P., Bomal, Y. Orange G., Cem Concr Res 29 (6), 1999, 847-53.

Munch E..Thèse de l'école doctorale matériaux. Lyon: INSA de Lyon, 2006, p.187

Neckar B., Das D., Fiber and textiles in eastern Europe 14, 2006, 23-28.

Norme européenne, Advanced technical ceramics – ceramic composites – method of test for reinforcement – Part 5 : Determination of distribution of tensile strength and of tensile strain to failure of filaments within a multifilament tow at ambient temperature 1998 EN 1007-05.

Okoroafor E.U., Hill R., Ultrasonics 33, 1995, 123-131.

Ou M., Lu G., Shen H., Marquette A., Ledoux G., Roux S, Tillement O, Perriat P., Chengs B., Chen Z., Photochemistry and photofiology 84, 2008, 1244-1248.

Pelletier J.M., et al., International Journal of Materials and Product Technology, 26 (3-4), 2006.

Peterlik H., Loidl D. Eng Fract Mech 68, 2001, 253-261.

Pijaudier-Cabot G., Dufour F., and Choinska M.. Permeability due to the increase of damage in concrete : from diffuse to localized damage distributions. *Journal of EngineeringMechanics*, 135, 2009, 1022–1028.

Plank J. et al, Colloids and surface 1 : Physicochemical and Enfineering Aspects 330, 2008, 227-233

R'Mili M., Bouchaour T., Merle P. Comp Sci Tech 56, 1996, 831-834.

R'Mili M., Moevus M., Godin N., Comp Sci Tech 68, 2008, 1800-1808.

Réthoré J., de Borst R., and Abellan M.-A., *International Journal for NumericalMethods in Engineering*, 71 , 2007, 780–800.

Rode C., Peuhkuri R., Hansen K. K., Time B., Svennberg K., Arfvidsson J., and Ojanen T..Moisture buffer value of materials in buildings. In *Proceedings of the 7th Nordic Building Physics Conference*, 2005.

Rode C.. Workshop on moisture buffer capacity - summary report. Technical report, Department of Civil Engineering, Technical University of Denmark, 2003.

Roels S., Moonen P., De Proft K., and Carmeliet J.. *Computer Methods in Applied Mechanics and Engineering*, 195(52) , 2006, 7139 – 7153.

Roels S., Vandersteen K., and Carmeliet J.. *Advances in Water Resources*, 26(3), 2003, 237 – 246.

Scheffler C, Gao S.L., Plonka R., Mäder E., Hempel S., Butler M., Mechtcherine V., Comp Sci Tech 69, 2009, 531-38.

Shah S.P. and Choi S.. *International Journal of Fracture*, 98 , 1999, 351–359.

Steeman M., Janssens A., Steeman H.J., Van Belleghem M., and De Paepe M... *Building and Environment*, 47, 2010, 865–877.

Torrenti JM, Poyet S., caractérisation de la variabilité des performances de bétons, Application à la durabilité des structures, Annales de l'IPBTP, Avril 2010, 6-13

Turrion S.G., Olmos D., Gonzales-Benito J., Polymer testing 24, 2005, 301-308

Xu K., Daian J.-F., and Quenard D. Multiscale structures to describe porous media - part 1 : theoretical background and invasion by fluids. *Transport in PorousMedia*, 26, 1997, 51–73.

Xu K., Daian J.-F., and Quenard D. Multiscale structures to describe porous media - part 2 : transport properties and application to test materials. *Transp. in PorousMedia*, 26, 1997, 319–338.

Mahmoud T., Maximilien S., Rouby D., Guyonnet R., Guilhot B., Study of the interfaces cement reinforced with wood, CIEC 8, 2002.

Mahmoud T., Etude de matériaux minéraux renforcés par des fibres organiques en vue de leur utilisation dans le renforcement et la réparation des ouvrages tells que les ponts, Thèse INSA Lyon, 2005, p204.

Marshall D.B., Cox B.N., 17 (1), 1988, p. 127-136

Radjy F., Sellevold E.J., Richards C.W., Cem Concr Res 2 , 1972, 697-715.

Regourd M, L'hydratation du ciment portland « le beton hydraulique », Paris, Presse de l'ENPC, 193-221

Reynaud P., Rouby D., Exploration des renforts pertinents pour des composites platres via un modèle autocohérent, Etude courte Lafarge/INSA GEMPPM, 2003. 92p,

Rigacci A. Superisolants thermiques de type aérogels, *Matériaux 2010*, 18-22 oct 2010, Nantes.

Rozenbaum O., Pellenq R. J.-M, Van Damme H.. / Materials and Structures 38, 2005, 467-478

RT2012, décret 2010-1269 du 27 octobre 2010, consommation énergétique des bâtiments neufs

RT-Existant, décret 2007-363 du 19 mars 2009

Sauzeat E., thèse INPL, nov. 98, 286p.

Shaw S., Hendreson C.M.B, Komanschek B.U. geology 167, 2000, p141-159

Stepkowska, E.T., Blanes J.M., Justo A., Aviles M.A. Journal of Thermal Analysis and Calorimetry 80, 2005,193-199

Sellevold E.J., Radjy F., JACS, 59 (5-6) 1972, 256-8.

Shaw S., Hendreson C.M.B, Komanschek B.U. geology 167, 2000, p141-159

Scheffler C, Gao S.L., Plonka R., Mäder E., Hempel S., Butler M., Mechtcherine V., Comp Sci Tech 69, 2009, 531-38.

Torrenti J.M., Comportement mécanique du béton, bilan de six années de recherche, 1996, 109p, presses LCPC

Touaiti, F. et al. Materials Science and Engineering A, 527, 2010, 2363-2369

Vandamme H., Nanotechnologies et nanomatériaux pour la construction, bâtiment et milieu urbain, Techniques de l'Ingénieur avril 2011.

Valette L., Rouby D., Tallaron C., Composite and Science Technology, 62 (4), mars 2002, p. 513-518

Wetzel A., Herwegh M., Zurbriggen R., Winnefeld F., Influence of shrinkage and water transport mechanisms on microstructure and crack formation of tile adhesive mortars, *Cement and Concrete Research*, 42, 2082, 39-50.

Whiting D., Kline P., Blankenhorn P.R, et al., Polymer engineering and science 15 (2), 1975, 65-69

means of a micromechanical model, Construction, Building Material, 2009.

Wittmann F. H., et al., Materials and Structures, 21, 1988, p.21-32.

Yang E.-H., et al., Journal of Advanced Concrete Technoloy, 6, 2008, p. 181-193.

Yang E.-H., Li V.C., S train-Hardening fiber cement optimization and component tailoring by Yrieix et al. Brevet WO/2008/015036 2008.

Zhandarov S., E. Mäder, Composites Science and Technology, 65, 2005, p. 149-160.

www.ingramcontent.com/pod-product-compliance
Lightning Source LLC
Chambersburg PA
CBHW021120210326
41598CB00017B/1513